JN041302

一気にビギナー卒業！

動画でわかる
After Effects 教室

After
Effects

サンゼ（ 和田 光司 ）著

技術評論社

はじめまして。映像クリエイターのサンゼです。YouTube を中心に After Effects や Premiere Pro の TIPS を発信しながら、本業はテレビコマーシャルのオフラインエディターという仕事をしています。10 年以上映像編集に携わっており、累計で 500 本以上の映像を作成してきました。本書はこれまでの経験から、「動画で見た方が理解しやすいこと」と「テキストで読んだ方が理解しやすいこと」をそれぞれ整理し、After Effects の入門書としてじっくり 1 年をかけてまとめたものです。

ところで映像制作において、本書のタイトルにも用いている「ビギナー卒業」とはどういうことでしょうか？　僕は、ビギナーと中級者の違いは「自分で思い描いた映像を作ることができるか？」という点にあると考えています。ビギナーはお手本どおりの「手順を覚える」ことだけに意識が向いているのに対して、中級者は「仕組み」を理解しているので、思い描いた映像を実現するための「手順を考える」ことができます。もちろん最初の頃は、手順を覚えるだけでも大変かと思いますが、そのなかで「どういう仕組みでこうなるのか？」を考えてみることが中級者へ近づく第一歩なのです。

それでも、一人ではそこまで踏み込んで考えるのが難しいというのも事実でしょう。そのような方のために本書はあります。チュートリアル動画で「作業の手順」をスムーズに把握した後に、動画で学んだ内容を書籍で掘り下げてその「仕組み」から理解することができます。丸暗記したことは忘れやすいですが、「なるほど！」と理解したことは忘れにくく、いつまでもあなたの知識になります。自分の力で制作手順を考えることができると、映像制作がもっともっと楽しくなってきます！

また、映像制作の中級者を目指すためには、人に見てもらうことも大切です。映像は人に見てもらってはじめて役割を果たします。家族や友人に作った映像を見せて驚かせましょう！　どんなリアクションでも、次の制作へのモチベーションにつながります。「知識を深めて楽しむこと」と「見る人を考えて工夫すること」を続けることで、より魅力的な映像が作れるようになります。

映像制作はとても面白い作業です。この本を手にとったあなたも、どこかで映像に心を動かされた一人だと思います。そして、将来あなたが作った映像で心を動かされる人が必ずいます。それを考えてみるだけでもワクワクしませんか？　少なくとも、僕はあなたがどんな映像を作るのか楽しみです。

この本があなたの人生をより豊かにするキッカケになってくれることを願っています。そして映像制作の現場を盛り上げる仲間が一人でも増えることを、何よりも楽しみにしています。

映像クリエイター　サンゼ

本書の使い方

　この本は、著者のサンゼが制作したチュートリアル動画と一緒に読んでいただくことを想定しています。次のステップで学習を進めれば、After Effects のキホンから、自分の思い描いた映像を作るための応用力までがしっかりと身につきます！

STEP1　全体の流れを「動画」でつかむ！

　本書を読む前に、まずは動画で全体の流れをザックリとつかみましょう。動画のなかでわからないことがあっても気にせず、まずはチュートリアルと同じように自分の手を動かしてみることをオススメします！

　第 1 章から第 10 章の動画は、書籍購入者用ダウンロードページ（→ p.13 参照）から簡単に視聴することができます。

　さらに、第 5・7・8 章には、本編の動画の理解を深めるための「番外編」を準備しているので、ぜひこちらも見てみてください！

チュートリアル動画のイメージ

STEP2 内容を「書籍」で深堀り！

チュートリアル動画を見たら、学んだことを書籍で深堀りしていきましょう。動画で出てきた用語について、本書では一歩進んだ内容を盛り込んで解説しています。

よくわからなかった用語・気になったトピックの部分をパラパラとつまみ読みするだけでも力が付くはずです！

また、第4章〜第10章については、作例完成までの流れを整理した「チャプターシート」を掲載しているので、ぜひご活用ください！

用語の解説

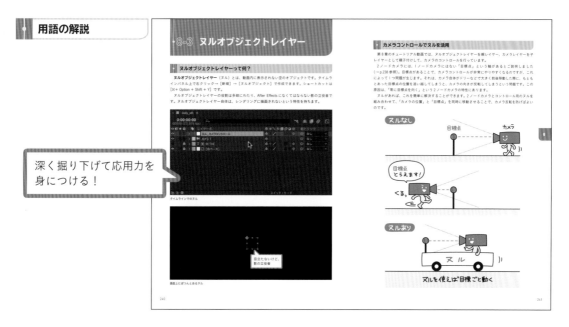

深く掘り下げて応用力を身につける！

チャプターシート

動画の流れが一目瞭然！

STEP3 「オリジナル作品」の制作に挑戦！

ここまで来れば「ビギナー卒業」はもうすぐです。動画と書籍で学んだことを生かして、オリジナル作品の制作に挑戦してみましょう！　まずは、チュートリアル動画の「アレンジ」から始めることをオススメします。書籍の第4章〜10章では、最後にアレンジのヒントを掲載しているので、こちらもぜひ参考にしてみてください。

アレンジであっても、正真正銘「あなた」の作品です。自信をもって、どこかで発表してみましょう！　作って終わりにしないことが、次の作品制作のモチベーションにつながるはずです。

アレンジ例

▶アレンジに挑戦！

チュートリアル通り作れるようになったら、次は自分なりにアレンジしてオリジナルの作品を作ってみましょう。それが一番の練習になります！

アレンジ作品を作ったら、「＃サンゼAE」を付けてツイートしてくれたら、サンゼが「いいね」を押しにいきます！　投稿してくださった作品は、まとめてサンゼのツイッターアカウントで紹介します！

こんな映像も
作れるように！

アレンジのヒント

・文字のアニメーションをブラッシュアップ
・奥のレイヤーを海に変更
・人物を配置して空間に前後関係を作る（立体感を強調）

CONTENTS

はじめに　3

本書の使い方　4

書籍購入者用ダウンロードページについて　13

第**1**章

After Effects でできることを知ろう！　15

1-1　動画の一覧と各章で学ぶ内容　16

1-2　After Effects のインストール　23

1-3　Adobe の映像系ソフト　26

1-4　映像編集の大まかな流れ　28

第**2**章

After Effects の操作画面のキホンを押さえよう！　31

2-1　ファイルの管理方法　32

2-2　プロジェクトデータ（AEP）　37

2-3　After Effects の操作画面　41

2-4　サンゼのオススメ設定（本書の前提）　50

第**3**章

映像編集の基礎知識と素材の読み込み方を学ぼう！　61

3-1　映像の単位・解像度・フレームレート　62

3-2　RGB・CMYK　68

3-3　素材の読み込み　70

3-4　連番ファイル　78

3-5　素材の整理と消去　82

第4章

簡単なテキストアニメーションを作ってみよう！ 85

第4章チャプターシート 86

4-1　コンポジション・タイムラインパネル 88

4-2　レイヤー 93

4-3　レイヤープロパティ 97

4-4　アニメーション・アンカーポイント 100

4-5　アニメーション作成のポイント 104

4-6　モーションパス・イージング 107

4-7　グラフエディター 113

4-8　テキスト・フォント 120

コンポジションは箱

第5章

完成した素材を書き出して Premiere Pro と連携させよう！ 127

第5章チャプターシート 128

5-1　スイッチ 130

5-2　モーションブラー 138

5-3　レンダリング・コーデック 140

中級者向け アルファチャンネルの処理 147

5-4　Premiere Pro との連携 150

中級者向け 複数パターンのテキストアニメーションを
　　　　　Premiere Pro で管理 158

5-5　完パケの作成 159

5-6　納品データの変換 161

中級者向け Media Encoder の
　　　　　変換プリセットの活用 164

鳥の目

虫の目

第6章

サイバーなタイトルカットを作ってみよう！　167

第6章チャプターシート　168

6-1　アニメーションプリセット　170
6-2　エフェクト　173
6-3　エクスプレッション　176
6-4　データ整理のコツ　178

EFFECTS & PLUGIN'S POWER!

第7章

3Dレイヤーを使って奥行きのある空間を作ってみよう！　183

第7章チャプターシート　184

7-1　シーンの整理　186
7-2　3Dレイヤー　188
7-3　カメラレイヤー　190
7-4　ライトレイヤー　195

中級者向け **3点ライティングを修得！**　201

7-5　調整レイヤー・シェイプレイヤー　203
7-6　マスク　208
7-7　プリコンポジション　210
7-8　プリレンダー　214
7-9　レイヤーの描画モード　216
7-10　色味の調整　219

中級者向け **知ってるとドヤれる色の知識**　223

プリコンプはマトリョーシカ

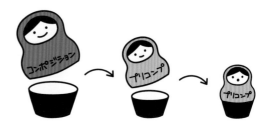

第8章

めっちゃかっこいい！ 文字に飛び込むトランジション！ 227

第8章チャプターシート 228

8-1 レイヤーの親子関係（ペアレント） 230

8-2 カメラコントロール 232

8-3 ヌルオブジェクトレイヤー 240

8-4 トラックマット 245

8-5 レイヤーを切り取るさまざまな方法 249

8-6 便利なデータの整理方法 253

第9章

3Dカメラトラッキングで映像表現の幅を広げよう！ 257

第9章チャプターシート 258

9-1 2Dモーショントラッキング 260

9-2 3Dカメラトラッキング 265

9-3 合成をなじませるコツ 273

9-4 ライトラップ 277

中級者向け サンゼからの挑戦状！ 281

第 10 章

エクスプレッションマスターになろう！   283

第 10 章チャプターシート   284

10-1   エクスプレッションのおさらい   286

10-2   エクスプレッション 4 選   289

おわりに   295

補講　完成度の高い映像を作るために   296

ECHO について   298

ショートカット一覧表   300

索引   302

書籍購入者用ダウンロードページについて

　この本は、チュートリアル動画と一緒にお読みいただきながら、ダウンロード素材を用いて実際に手を動かしていただくことを想定しています。

　チュートリアル動画の視聴と素材のダウンロードは、「書籍購入者用ダウンロードページ」から行うことができます。このページを利用するためにはパスワードが必要ですので、以下のパスワードを入力してログインしてください。

・書籍購入者用ダウンロードページ
https://www.sanze-echo.com/furoku
・パスワード
e439n5xz　※すべて半角での入力をお願いいたします。

　動画視聴の流れと使用素材データをダウンロードする流れは、本書の第1章と第2章の冒頭でも簡単に説明しているのでご確認ください。

第 1 章

After Effects で
できることを知ろう！

この章で学べること

　今回の章では、After Effects のインストール方法、Adobe の映像系の
ソフトの中での After Effects の役割、そして映像編集の大まかな流れを
ご紹介していきます。

　なお「本書の使い方」（→ p.4 参照）でご説明していますが、この本
は書籍購入者用ダウンロードページにまとめたチュートリアル動画と一体
的に使っていただくことを想定しています。さっそく次のページを開い
て、まずは書籍購入者用ダウンロードページにアクセスしてみましょう！

1-1 動画の一覧と各章で学ぶ内容

書籍購入者用ダウンロードページへのログイン

　この本で使用する動画や素材のデータは、書籍購入者用ダウンロードページからまとめてリストで見ることができます。アクセスは書籍購入者限定になっています。書籍ホームページのトップにある黄色の付箋ボタンをクリックしたら、パスワード「e439n5xz」を入力してください。

・書籍ホームページの URL
https://www.sanze-echo.com/book

書籍ホームページ

ゲストエリアへのログイン

書籍購入者用ダウンロードページの活用方法

　パスワードを入力すると各チュートリアル動画と、サポート教材として After Effects のプロジェクトデータが用意されています。こちらから、まずは第１章の動画を視聴してみてください。

・書籍購入者用ダウンロードページの URL
https://www.sanze-echo.com/furoku

書籍購入者用ダウンロードページの活用①

書籍購入者用ダウンロードページの活用②

動画の一覧と各章で学ぶ内容

　ここでは、各章の動画を一覧で紹介します。第5・7・8章には、補講用の動画も用意しています。「本書の使い方」（→ p.4 参照）でもお願いしたように、チュートリアル動画を視聴した後にテキストで知識を掘り下げていくイメージで使用していただけると幸いです。

第1章　After Effects でできることを知ろう！

　まずはこの動画をチェックしましょう！　本書の使い方をまとめています。

第2章　After Effects の操作画面のキホンを押さえよう！

　After Effects の各種パネルの名称と役割を紹介しています。

第3章 ▶ 映像編集の基礎知識と素材の読み込み方を学ぼう！

映像編集の基礎知識と、After Effects での素材の読み込み方について解説しています。

第4章 ▶ 簡単なテキストアニメーションを作ってみよう！

After Effects の各種パネルの使い方、コンポジションの考え方、キーフレームアニメーションなどを使用して簡単なテキストアニメーションを作ります。映像制作の基本を一通り楽しく学ぶことができます。

第5章 完成した素材を書き出して Premiere Pro と連携させよう！

　アニメーションの質感をぐっと上げるモーションブラーの使い方と、作成したアニメーションの書き出しの方法、また Premiere Pro と連携してモーションテロップを背景の映像にのせる方法について紹介しています。

約18分

p.127 〜 p.166

**Premiere Pro で
テロップアニメを管理しよう！**

第6章 サイバーなタイトルカットを作ってみよう！

　基礎のアニメーションが理解できた後は、After Effects の醍醐味であるエフェクトとエクスプレッションについて学んでいきましょう。簡単にカッコいいテキストアニメーションが作成できます。

約18分

p.167 〜 p.182

第7章　3Dレイヤーを使って奥行きのある空間を作ってみよう！

　After Effectsの醍醐味でもある3Dレイヤーについて学んでいきます。奥行き（Z軸）を使ってレイヤーを立体的に配置します。この章をやったらAfter Effectsにハマること間違いなしです。

　さらにエフェクトやカラーグレーディングなどを使って、楽しくステップアップできます。

約29分

p.183 ～ p.226

速度グラフと値グラフの
理解を深めよう！

第8章　めっちゃかっこいい！　文字に飛び込むトランジション！

　この章は第4章から第7章のおさらいのような章です。今までの振り返りをしながら新しくレイヤーの親子づけ（ペアレント）、トラックマットについて学ぶことができます。

　番外編動画ではカメラレイヤーの思わぬ落とし穴、2ノードカメラと1ノードカメラの特性について掘り下げて紹介しています。

約34分

p.227 ～ p.256

カメラのノードの違いを理解しよう！

第9章 3Dカメラトラッキングで映像表現の幅を広げよう!

　こちらの章からは実写合成をやってみましょう!　撮影素材から3D空間を構築する「3Dカメラトラッキング」というテクニックを中心に、合成素材を自然に見せるための「色合わせ」や「ライトラップ」についてもわかりやすくご紹介します。

　このテクニックはモーショングラフィックスとも相性がよいので、組み合わせることで表現の幅が一気に広がります。

第10章 エクスプレッションマスターになろう!

　エクスプレッションのテクニックを、ビギナーのうちに覚えておきたい4つのテクニックに厳選して紹介します。エクスプレッションを上手に活用しながら、アニメーション作業の効率化を学んでいきましょう!

1-2 After Effects のインストール

Adobe Creative Cloud のダウンロード

After Effects を使用するためには、まず **Adobe Creative Cloud（Adobe CC）** のインストールが必要です。Adobe Creative Cloud は、Adobe が提供しているさまざまなソフトのダウンロードができる管理アプリです。ソフトのアップグレードやダウングレードもこちらから行うことができます。

Adobe のホームページから会員登録をして、「Creative Cloud コンプリートプラン」をダウンロードしましょう。

・Adobe Creative Cloud について【アドビ公式】
https://www.adobe.com/jp/creativecloud.html

Adobe ホームページ

📑 Creative Cloud の起動

ダウンロードができたらアイコンをダブルクリックして、Creative Cloud を立ち上げてみましょう。アイコンがデスクトップに表示されていない場合は、Finder から「Adobe Creative Cloud」と検索をかけてみてください。ソフトがインストールされていれば検索結果に現れるはずです。

Creative Cloud を立ち上げている様子

After Effects のダウンロード

　Creative Cloud のアプリを立ち上げると、下のような画面が表示されます。ここでは映像や WEB ページ制作など、ジャンルに応じて必要なソフトをダウンロードすることができます。左のアプリカテゴリーから［ビデオ］を選択すると、映像制作に必要なソフトがリストアップされます。

　本書では「After Effects」を中心に映像制作を行っていきますので、ダウンロードをお願いします。その他、映像制作に必要な「Premiere Pro」「Media Encoder」「Photoshop」「Illustrator」もダウンロードしておきましょう。ソフトのアイコンの右横にある［インストール］ボタンを押すと、ソフトのインストールが始まります。

Creative Cloud のホーム画面

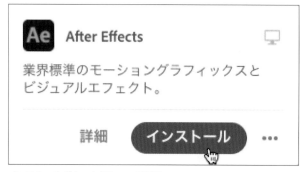

インストールボタンを押している様子

◤ After Effects の起動

　インストールが完了すると Mac の「アプリケーション」フォルダーへソフトが格納されています。「Adobe After Effects 2021.app」をクリックすることで起動できます。

　頻繁に使用する場合は、デスクトップ下部の Dock へドラッグしてソフトを常駐させておくとよいでしょう。Dock 上のアイコンをダブルクリックしてソフトを起動することができるようになります。

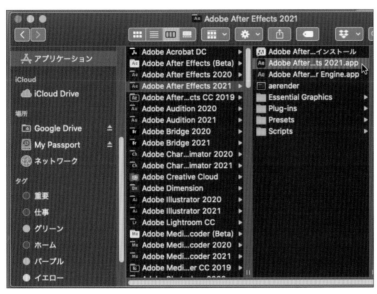

After Effects の起動

Dock へ追加されている様子

◤ プロジェクトファイルを開く

　保存した After Effects のプロジェクトファイル（作業データ）は、次のようなアイコンで表示されます。このアイコンをダブルクリックすることで、保存したファイルの続きから編集を再開できます。

After Effects のプロジェクトファイル

1-3 Adobe の映像系ソフト

　映像編集をする際に使用する Adobe のソフトをご紹介します。どのソフトも大切なのは使い分けです。1つのソフトだけ極めていればよいというわけではありません。そこで、使い分けの方法も合わせて解説していきます。

After Effects と Premiere Pro の使い分け

　まずはメインとなる、After Effects と Premiere Pro です。この2つのソフトは、ノコギリ（Premiere Pro）で大まかに木から切り出したブロックを、彫刻刀（After Effects）で細かな彫り込みをつけてブラッシュアップしていくイメージで使用します。

After Effects

　本書で紹介するソフトです。ビジュアルエフェクト、モーショングラフィックスなどを作成するときに使用します。オンライン編集（本編集）とも呼ばれる映像加工をする際にも使われます。
　3D レイヤー（→ p.188 参照）やカメラレイヤー（→ p.190 参照）をはじめとした After Effects 独自のツールによって、Premiere Pro だけでは作れないダイナミックな映像制作が可能です。

> After Effects は「彫刻刀」のようなツール
> 得意：細かなアニメーション制作や調整作業、1カットごとに集中した繊細な作業
> 苦手：複数のカットやシーン全体の管理

Premiere Pro

　映像編集におけるオフライン編集（仮編集）で使われることが多いソフトです。具体的には実写映像のカットの選定や、使用する秒数の決定、カットの切り替わりタイミングなどの調整に使用します。映像編集のワークフローにおいて最も大切な、「映像の設計図」を作るためのソフトです。
　Premiere Pro で設計図をしっかり作成してから After Effects でアニメーションを作れば、作業もスムーズになりクオリティアップが期待できます。

> Premiere Pro は「ノコギリ」のようなツール
> 得意：パズルのように映像全体の管理や設計図を作る作業
> 苦手：モーションテロップやアニメーションなど、細やかな調整が必要な作業

✦ その他のソフトの使い分け

　映像制作では、メインツールである After Effects と Premiere Pro だけではなく、デザインツールを使いこなすことも大切です。その他のメジャーなツールを紹介します。

Illustrator

　主にテロップ制作やグラフィック制作に使用します。Photoshop と混同している方もいますが、こちらは**ベクター**というパスデータを中心に画像を作成するソフトです。

　ベクターで作成されているデータは、どれだけ拡大しても画像が荒れないという特徴があります。そのため、企業のロゴデータやキャラクターなど、大小さまざまなサイズで使うデザインの制作に適しています。

Photoshop

　Illustrator と同様に、テロップ制作でも用いられます。ベクターデータでは描画できない繊細な処理に向いています。ただし、ピクセルベースで処理が行われるため、拡大をすると画像がぼやけてしまいます。

　Photoshop でテロップやロゴ作成などの作業をする際は、カンバスサイズに注意が必要です。基本的に After Effects で編集している映像サイズに Photoshop のカンバスサイズを合わせておくほうがベターです。

Media Encoder

　Media Encoder（メディアエンコーダー）は優秀な映像変換ソフトです（→ p.161 参照）。After Effects をインストールすると、自動的に Media Encoder もインストールされます。

　映像ファイルには、さまざまな圧縮形式（コーデック）や拡張子（コンテナ）があります（→ p.146 参照）。昨今では映像を映す媒体もたくさんありますので、納品先やアップロード先に合わせた変換が必要不可欠になります。映像制作をする上で、使用方法を必ず覚えておいた方がよいソフトの1つです。

> **Column　ソフトの強みと弱みを理解する**
>
> 　最近は1つのソフトでカバーできる領域が増えてきました。After Effects でもカット編集はできますし、Premiere Pro でもプラグインなどの力を借りてモーショングラフィックスの作成が可能になっています。そのため、ソフトの使い分けの判断がなおさら難しくなり、ビギナーの方は混乱してしまうかもしれません。
>
> 　しかし、ソフトには得意・不得意があることに変わりはありません。人間と一緒で、完璧なソフトはないのです。だからこそ、それぞれの強みと弱みを理解した上で、編集マンであるあなたが「使い分ける」ことが大切です。

1-4 映像編集の大まかな流れ

　本書では After Effects のアニメーション制作を中心に解説を行いますが、実際に映像を制作すると
きにはツールの使い分けが大切になります。そこでこの節では、編集作業の大まかな流れをご紹介し
たいと思います。本書ではじめて映像制作を経験される方にはとても役立つ内容です。

STEP1 オフライン編集（仮編集）
【目的】映像全体の構成、アニメーションの下書きを作る

　複数のカットにまたがる映像の構
成を作るのは、After Effects より
Premiere Pro の方が向いています。ア
ニメーションにこだわりたいときこ
そ、Premiere Pro で映像全体の構成作
りを大切にしましょう。Premiere Pro
でしっかりと構成を立てたら、MOV
または MP4 で下書きの動画を書き出
します。ここで作成した下書きの映像
のことを、「オフライン QT」や「ガイ
ド QT」 と 呼 び ま す。QT と は
「QuickTime ムービー」の略称です。

プレミアは下書き！

STEP2 オンライン編集（本編集）
【目的】カットごとのアニメーションの作成

　Premiere Pro で作成した「オフライ
ン QT」をガイドに、After Effects で
カットごとのアニメーションを作成
します。映像全体のイメージが出来
上がっているからこそ、細部のアニ
メーションに集中できます。アニメー
ションを作成したら書き出しをして、
再度 Premiere Pro に読み込みます。

アフターで作りこむ！

STEP3 カットデータの組み立て（再構成）

【目的】After Effects で作ったアニメーション映像をシーンとして組み立て、マスターデータ（完パケ）を書き出す

After Effects で作成した各カットの映像を、再度 Premiere Pro で再構成します。アニメーションを細かく作成すると「オフライン編集」の段階では気付かなかった点に気付くことができます。例えば、アニメーションを付けると、想定したカットの秒数ではアニメーションが収まらないといったことなどはよくあります。

ここで最終的な秒数の微調整を繰り返して、晴れて完パケ（完成パッケージ）データが出来上がります。完パケデータは高画質な MOV データの「Apple ProRes 4444」で書き出す場合が多いです（→ p.141 参照）。

作ったアニメを あつめて並べる

STEP4 納品データに変換

【目的】納品形式に合わせて、完パケを納品データなどに変換する

完パケデータが出来上がったら、Media Encoder を使って納品データに変換します。最近では MP4 形式での納品が多いかと思います。納品先やアップロード先の指定されたフレームレートやビットレートなどに合わせて映像を変換しましょう。

時間がないときは仕方ないのですが、Premiere Pro から直接納品用の MP4 を書き出すのは基本的に NG です。必ず MOV で「完パケ」を作成して、それを納品用に変換するという手順を踏みましょう。この方が納品データの変換ミスによるトラブルを減らすことができます。

Me で変換！

納　品

　次の章から After Effects の基本操作に入ります。便利なショートカットキーも合わせてご紹介していくのですが、Mac と Windows では少し違いがある点に注意してください。例えば、次のようなキーの互換性があります。

> Mac の［Option］キー→ Windows の［Alt］キー
> Mac の［⌘（Command）］キー→ Windows の［Ctrl］キー

　なお、Windows と Mac でのキー配列の都合上、上記の置き換えの法則性と異なるショートカットも存在します。

　また、ショートカットキーは After Effects のアップデートで更新される場合があるので、Adobe 公式サイトよりご確認ください。

・Adobe「After Effects のキーボードショートカット」
https://helpx.adobe.com/jp/after-effects/using/keyboard-shortcuts-reference.
html?mv = product&mv2 = ae

　本書では基本的に、Mac の場合でのショートカットを紹介しています。巻末のショートカット一覧表（→ p.300 参照）では、Mac と Windows の両方を併記しているのでご活用ください。

第 1 章まとめ

　お疲れさまでした！　今回の章では本書で学べるチュートリアル動画の一覧、After Effects の起動の方法、各種ツールの使い分けについてザックリ学べたかと思います。この後の章を重ねるごとに少しずつ理解を深めていけたらと思います。一緒にがんばりましょう！

第2章

After Effects の操作画面の
キホンを押さえよう！

この章で学べること

　今回の章では、ファイルの管理方法と After Effects の操作画面（ユーザーインターフェース）を紹介していきます。操作画面はサンゼのオススメレイアウトに変更していきます。また、細かな設定の変更方法も紹介しています。

2-1 ファイルの管理方法

使用ファイルのダウンロード

　まずは第2章から第7章まで、共通で使用するデータをダウンロードしておきましょう。書籍購入者用ダウンロードページの以下のボタンからダウンロードが可能です。ダウンロードしたフォルダは、デスクトップに置いて作業してください。

書籍購入者用ダウンロードページ　TOP

使用素材データのダウンロード

ダウンロードしたフォルダと素材の管理

　ダウンロードしたフォルダは、下の図のようにフォルダ分けされています。素材や作業データが散らかってしまわないようにする上で、便利な分け方になっているので、参考にしてみてください。

　もっと細かく分ける方法もありますが、小〜中規模な案件の場合は、このくらいで十分かと思います。細かすぎると階層分けが大変になり、逆に混乱を招いてしまいます。

　最近は SNS で編集テクニックを公開しているエディターも多いので、「映像編集」「フォルダ分け」などで検索して、自分がなりたい分野の編集をしているエディターのフォルダ整理術を参考にしてみるとよいでしょう。

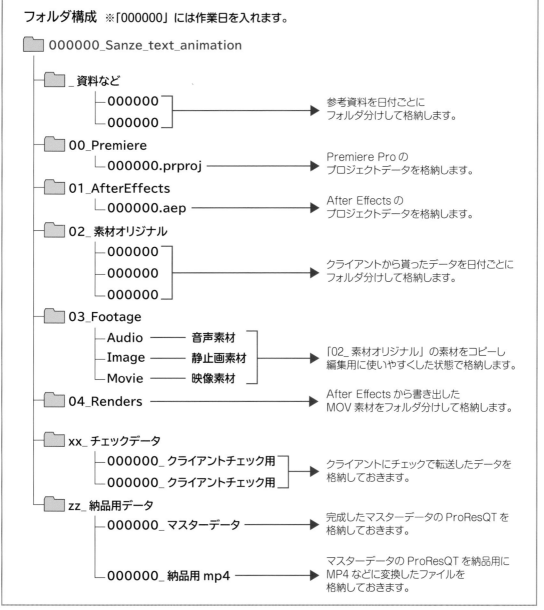

ダウンロードファイルのフォルダ構成

ファイル管理って何？

After Effects は、画像などのファイルをプロジェクト内部に取り込むわけではなく、リンク（外部参照）した状態で読み込んでいます。データを管理する際に、ファイルパス（ファイルの住所）を使ってファイルを管理しているということです。

そのため、ファイルを After Effects で読み込んだ後、元あった場所から読み込み済みのファイルを移動させてしまうと、After Effects がファイルを見失ってしまう現象である**メディアオフライン**になってしまいます。メディアオフラインのファイルは、下の画像のようにカラーバーに変換されます。このような現象を避けるために、ファイル管理は重要な役割を持ちます。

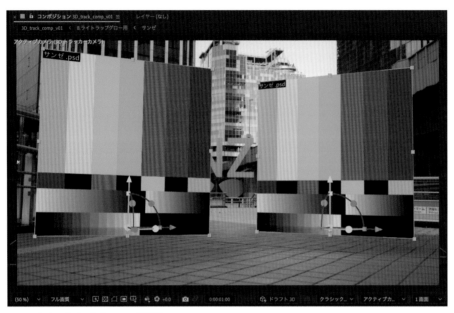

メディアオフラインになっている様子

ファイルのリリンク

もしメディアオフラインになったとしても、安心してください。**リリンク**（再参照）という方法を使えば、メディアオフラインになっても、あとからファイルを紐付けることができます。

プロジェクトパネル上でメディアオフラインになったファイルを右クリックして［フッテージの置き換え］→［ファイル］を選択してください。読み込みパネルが立ち上がるので、移動したファイルまでパスを変更して、［開く］を押すとファイルをリリンクすることができます。

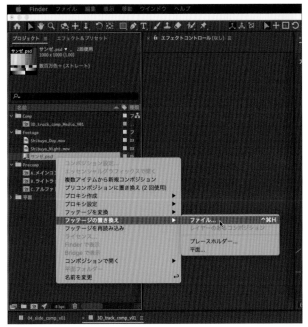

ファイルのリリンク①

ファイルのリリンク②

ファイルのリリンク③

ファイルのリリンク④

命名規則って何？

命名規則とは、名前を付けるルールのことです。保存場所と同様に、After Effects で読み込んだ後にファイル名を変更してしまうと、メディアオフラインになってしまいます。なるべく途中でファイル名を変更することのないように、あらかじめ名前を付けるルールを決めておくとよいでしょう。

個人規模での管理の場合は、次の命名規則を参考にしてみてください。

> ・プロジェクト全体を管理するフォルダ
>
> 「日付＋案件名」が一般的です。例えば、2022 年 10 月 17 日からスタートする「サンゼクッキング」という案件ならば、「221017_ サンゼクッキング」といったイメージです。
>
> After Effects のプロジェクトデータ（AEP）の場合は、「221017_ サンゼクッキング _v01」というように名前を付けます。末尾の「_v01」は、バージョニングといいます。これについては、次にご紹介します。
>
> ・画像ファイルやロゴデータなど
>
> クライアントから貰った、Illustrator データや Photoshop データなども、複製したらファイル名の頭に日付を付け足すと管理がしやすくなります。2022 年 10 月 17 日に貰った番組のロゴデータならば、「221017_ 番組ロゴ」といったイメージです。

あくまで今回紹介したのは一例です。複数人で 1 つのプロジェクトを進める場合は、特に命名規則が大切になってくるので、初めにルールの確認をしておきましょう。

また Illustrator データなども After Effects と同様に、外部参照で画像データを読み込んでいる場合があります。闇雲にファイル名を変えてしまうと、Illustrator 上でも画像がメディアオフラインになってしまうので、オリジナルを残して複製したものをリネームするようにしましょう。

保存するプロジェクト名のバージョニング

バージョニングとはデータの末尾に、「_v01」「_v02」といった形で、作業の段階ごとにバージョン付けをしていく保存方法です。「v」は「バージョン」という意味です。

作業をある程度進めて、キリが良いときにファイル名の末尾を「_v01」から「_v02」などに変更して別名保存します。また、After Effects 内部のコンポジションも、データ修正をする際にオリジナルのファイルを複製し、新しい方を「コンポジション名 _v02」として作業していきます。

こうしておくと、データを遡りたいときに便利です。上書き保存してしまうと、元のデータに遡ることができません。また After Effects のプロジェクトデータがクラッシュした際にも復旧しやすいので、ビギナーのうちから別名保存とバージョニングを心がけておきましょう。

プロジェクトファイル名

プロジェクトパネルのコンポジション名

2-2 プロジェクトデータ(AEP)

プロジェクトデータの起動

　ダウンロードしていただいたフォルダの「000000_Sanze_text_animation」→「01_AfterEffects」に、今回使用するプロジェクトデータ「000000_text_anime_v00.aep」が入ってます。

　下図の紫色の「AEP」と書かれたアイコンが After Effects のプロジェクトデータです。ファイルの拡張子は「.aep」となっています。

　After Effects がインストールされているマシンであれば、このアイコンをダブルクリックすると、After Effects が自動的にファイルを開いてプロジェクトデータが立ち上がります。

After Effects のプロジェクトデータ

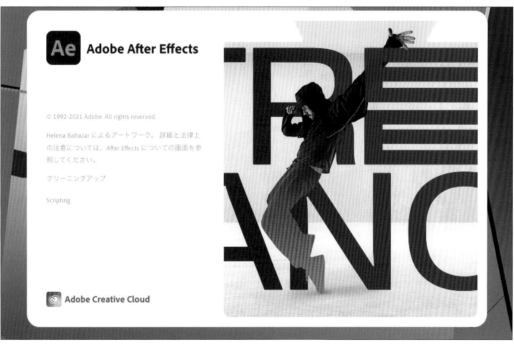

After Effects の起動

プロジェクトデータの保存

　プロジェクトデータの保存は、After Effects 上部メニューの［ファイル］→［保存］をクリックするか、ショートカットの［⌘＋S］でも行うことができます。After Effects にはこのように、便利なショートカットキーがたくさんあるので、積極的に使っていきましょう。

　その他、別名保存もよく使います。ショートカットは［⌘＋Shift＋S］です。別名保存はデータを大幅に更新した際に便利です。別名保存しておけば、以前の作業データに遡ることも可能です。データを別名保存する際は、前述した命名規則などを参考にバージョニングしておくとよいでしょう。

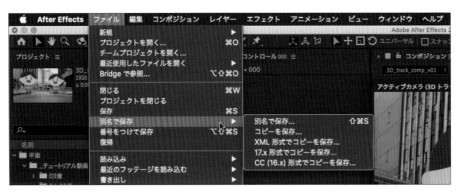

プロジェクトの保存

保存先の指定

　AEP を保存する際には、保存先を指定します。今回は先ほどダウンロードしたフォルダの、「01_AfterEffects」というフォルダを指定して保存します。

　プロジェクト名は作業日を頭に付けて保存しましょう。例えば、作業日が 2022 年 10 月 17 日だったら、「221017_text_anime_v01.aep」とします。同日中にファイルを別名保存する場合は、末尾のバージョンを増やしていきましょう。

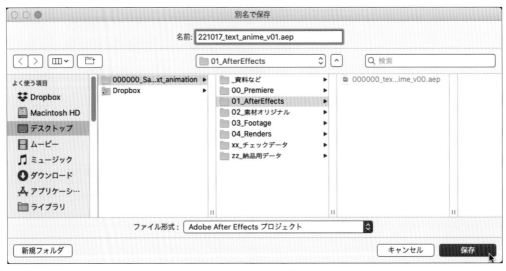

保存先の指定

After Effects のバージョン

After Effects は毎年更新されていて、複数のバージョンが存在します。古いバージョンの After Effects で作ったデータは、新しい After Effects でも読み込めるようになっています。このことを**上位互換**といいます。しかしその逆で、古いバージョンの After Effects では、新しいバージョンの After Effects を開くことができません。

After Effects データは、1 つのマシンに対して複数バージョンをインストールすることが可能です。常に最新バージョンに更新していけば問題ないのですが、チームで作業するときなどは、ソフトウェアのバージョン管理も大切な要素になります。

AEP を開くときのバージョンの確認

基本的にはアイコンをダブルクリックすると、自動的にプロジェクトファイルが開かれます。このとき、どのバージョンで開く設定になっているかを確認しておくと、トラブル回避につながります。

> ・Mac の場合
>   プロジェクトデータを右クリック→［情報を見る］→［このアプリケーションで開く］
>
> ・Windows の場合
>   プロジェクトデータを右クリック→［プロパティ］→［プログラム］

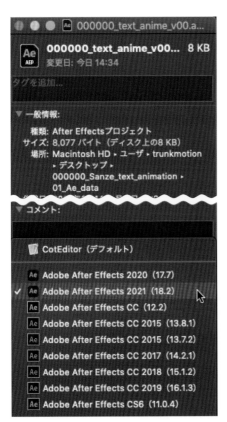

バージョンの確認（Mac の場合）

バージョンの確認（Windows の場合）

After Effects のバージョンを下げて保存

　誤ってプロジェクトデータのバージョンアップをしてしまった場合でも、安心してください。[ファイル]→[別名で保存]のメニューの中に、下位バージョンで保存をする選択肢があります。ここから下位のバージョン名を選択すると、バージョンを下げて保存することができます。

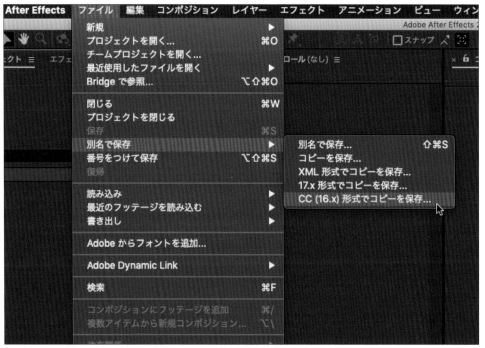

バージョンを下げて保存

💡 🔲 **マメ知識　Premiere Pro の場合**

　Premiere Pro には After Effects のように、プロジェクトを下位バージョンに下げて保存する機能がありません。非公式ですが、プロジェクトファイルのバージョンをダウングレードできるサイトやアプリも存在するので、困ったときは試してみてください。ただし、自己責任でお願いします。

バージョンのダウングレーダーの例

2-3 After Effects の操作画面

ワークスペースって何？

初めて After Effects を立ち上げると、デフォルトレイアウトの**ワークスペース**になります。ワークスペースはさまざまな機能を持ったパネルで構成されています。ここからは主要なパネルを説明します。

画面右上にてワークスペースを、「デフォルト」から「標準」のレイアウトに切り替えましょう。標準レイアウトでは、次のように各パネルが配置されています。

「標準」のレイアウトに変更

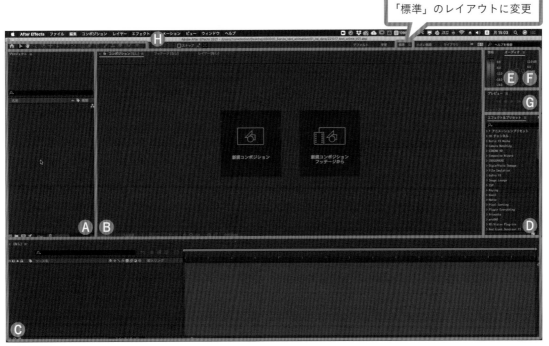

標準レイアウトのワークスペース

Ⓐ プロジェクトパネル　　　Ⓑ コンポジションパネル　　　Ⓒ タイムラインパネル
Ⓓ エフェクト＆プリセットパネル　Ⓔ 情報パネル　　　　Ⓕ オーディオパネル
Ⓖ プレビューパネル　　　　Ⓗ ツールパネル

A. プロジェクトパネル

プロジェクトパネルは素材を管理する場所で、Mac の Finder や Windows のエクスプローラーのような役割をします。

After Effects 内で使用する素材は、すべてプロジェクトパネルに読み込まれて表示されます。読み込んだ素材を選択すると、プロジェクトパネル上部のサムネイルで情報を確認することができます。

また、取り込んだ素材を整理するために、フォルダを作成することができます。

プロジェクトパネル

B. コンポジションパネル

コンポジションとは、映像を構成するための箱のようなものです（→ p.88 参照）。**コンポジションパネル**では各種ツールを使って、素材をレイアウトしたり、アニメーションを再生したりします。

また、コンポジションパネルの下部には、さまざまな機能を持ったメニューやボタンが並んでいて、これらを使用してさらに細かな作業を行います。たくさんツールがありますが、初めのうちは「拡大率」「解像度」の 2 つだけ覚えていれば OK です。次のページでそれぞれ簡単に解説します。

コンポジションパネルの全体

コンポジションパネルのツール

❶ 拡大率

コンポジションの拡大率が表示されます。クリックするとドロップダウンメニューに拡大率が表示され、任意の拡大率に変更できます。なお、拡大率の変更は、コンポジションパネル上でマウスホイール（中ボタン）を回すことでも可能です。

❷ 解像度

コンポジションでプレビューする解像度を選択できます。「フル画質」は最高画質ですが、プレビューに時間がかかります。アニメーションの動きを付けているときは動きのチェックをスムーズに行うために、画質を「1/2」や「1/3」に下げて作業をすることをオススメします。

❸ 透明グリッド

コンポジションの背景色はコンポジション設定によって変わります。基本的には黒にしていることが多いと思います。しかし透明グリッドボタンをオンにすることで、背景色をチェッカー模様に変更することができます。これはPhotoshopと同様で、カンバスの背景に何も入っていないことを指します。背景色とテロップの色味が同系色になって見づらいときなどに、この機能を使用します。

❹ マスクとシェイプパスを表示

パスやマスクを使用している場合に、表示と非表示の切り替えができます。

❺ 目標範囲

目標範囲を選択した状態で画面をドラッグすると、その部分のみレンダリング処理されます。また、上部メニューの［コンポジション］→［コンポジションを目標範囲にクロップ］というメニューで、コンポジションサイズを目標範囲のサイズにクロップすることも可能です。

❻ グリッドとガイドのオプションを選択

コンポジションパネルにさまざまなガイドを表示することができます。レイアウト作業のガイドとして使用します。表示したガイドは、レンダリングに影響しません。

❼ チャンネル及びカラーマネージメント設定を表示

コンポジションパネルの表示を、RGBの各チャンネルやアルファチャンネルなど特定のチャンネルに切り替えることができます（→p.69参照）。VFX作業で合成時にチャンネルごとに色味を合わせたい場合などに使用します。

❽ 露出をリセット

露出を変更した場合の表示切り替えに使用します。この変更は、レンダリングに影響しません。

❾ 露出調整

左右にドラッグすることで露出（明るさ）を変更することができます。この数値を変更すると自動的に「露出をリセット」ボタンが青になります。暗い映像などを加工する際に作業がしやすいように使用します。ここでの明るさ調整は、レンダリング結果には反映されません。

❿ プレビュー時間（クリックして現在時間に変更）

現在の時間を確認できます。タイムコードを入力して任意のフレームを表示させることができます。

⓫ 高速3Dプレビューをオンまたはオフ

エフェクトやレイヤーの処理を簡略化することで、素早くアニメーションのプレビューができます。

⓬ 3Dレンダラー

After Effectsの3Dレイヤーの処理を変更できます。通常は「クラシック3D」でレンダリング処理されます。「CINEMA4D」に切り替えることで、レイヤーの厚みや反射の表現をすることもできます。

⓭ 3Dビュー

コンポジション内を「アクティブカメラ」「トップビュー」「カスタムビュー」など、立体的にさまざまな角度から表示することができます（→p.192参照）。

⓮ ビューのレイアウトを選択

1つのコンポジションパネルを複数に分割して表示することができます（→p.193参照）。

■ C. タイムラインパネル

　タイムラインパネルは、時間とパラメーターを紐付けてアニメーションを作成していく場所です。
　レイヤーの上下関係、キーフレームアニメーション、レイヤーの表示／非表示などを管理・調整していきます。コンポジションパネルと同様に、最も調整することの多いパネルです。

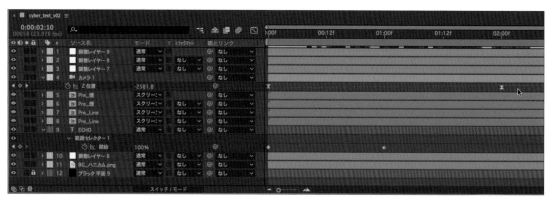

タイムラインパネル

■ D. エフェクト＆プリセットパネル

　画像に加工を加えるエフェクトや、アニメーションプリセットが収納されているパネルです。上部の検索バーからエフェクトの絞り込み検索も可能です。エフェクトはジャンルごとにカテゴライズされています。

　また標準エフェクトの他、ユーザー側で追加できる**プラグイン**と呼ばれるものもあります。有料・無料も合わせてさまざまなエフェクトがあるので、調べてみると面白いかと思います。

エフェクト＆プリセットパネル

エフェクトは検索窓から絞り込める

エフェクトの一例　グロー

エフェクトの一例　ブラインド

■ E. 情報パネル

カーソルがある位置を、XとYの座標で表示します。R・G・B・A（→ p.68 参照）は色信号を表しており、肉眼ではつかみにくい色味の情報を数値として確認することができます。

情報パネル

■ F. オーディオパネル

タイムラインに配置されたフッテージのサウンドをモニタしたり、調整したりすることができます。

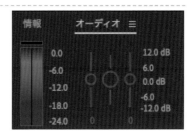

オーディオパネル

■ G. プレビューパネル

再生に関する操作や設定を行うためのパネルです。基本的に初期設定のままで、ワークスペースが狭い場合は閉じてしまって問題ありません。

「フレーム」の箇所はプレビュー時のフレームレートを指定できます。通常はプレビューとコンポジションのフレームレートを同じにする「自動」を選択します。

プレビューパネル

◼️ H. ツールパネル

レイヤーを選択する「選択ツール」、コンポジションの表示を拡大・縮小したりする「ズームツール」など、作業を行う上で必要なツールがまとめられています。右下に小さい三角マークがあるツールアイコンは、長押しすることでツールの派生ツールを使用することができます。

ツールパネル

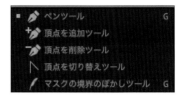

ペンツールの派生ツール

❶ 選択ツール（ショートカット［V］）

素材レイヤーやパスが描かれた頂点などを選択・移動する際に使用します。

❷ 手のひらツール（ショートカット［H］）

拡大表示をしているときなどに、画面をドラッグして移動する場合に使います。［Space］キーか、マウスの中ボタンでも同様の動作になります。

❸ ズームツール（ショートカット［Z］）

コンポジションパネルをクリックすると拡大します。また、［Option（Alt）］キーを押しながらクリックすることで縮小になります。ただし、マウスのホイールを回転させることでも拡大・縮小ができるため、こちらで操作することが多いと思います。

❹ カメラ - カーソルの周りを周回ツール（ショートカット［C］）

After Effects はカメラの機能を持ったカメラレイヤーを作成することができます。タイムラインのカメラレイヤーをコントロールするために使用します。もともとは1つのツールだったのですが、CC2021 から細分化されて3つのツールに変わりました。カメラツールのいずれかを選択している状態で、ショートカットキー［C］を押すごとに、❹❺❻の順で切り替えることができます。

❺ カメラ - カーソルの下でパンツール（ショートカット［C］）

選択した状態でコンポジションパネルを上下左右にドラッグすると、カメラの位置を移動できます。

❻ カメラ - カーソルに向かってドリーツール（ショートカット［C］）

選択した状態でコンポジションパネルを上下にドラッグすると、カーソル位置に対してカメラを前後にドリーさせることができます。

❼ 回転ツール（ショートカット［W］）

レイヤーを回転させることができます。

❽ アンカーポイントツール（ショートカット［Y］）

レイヤーにはアンカーポイントと呼ばれる中心点があり、そのポイントを中心に移動や回転といった操作を行うことができます。アンカーポイントは通常、レイヤーの中央にありますが、その位置を変更する際にこのツールを使用します。

❾ マスクツール（ショートカット［Q］）

レイヤーにパス（マスク）を書くことができます。デフォルトでは長方形ツールになっており、アイコンをドラッグすることで他の形も選択が可能です。

❿ ペンツール（ショートカット［G］）

マスクツールと同じ機能ですが、こちらはフリーハンドでパス（マスク）を描いていきます。

⓫ 文字ツール（ショートカット［⌘＋T］）

文字の入力時に使用します。デフォルトでは横書き文字ツールになっていますが、アイコンを長押しすることで縦書き文字ツールも選択可能です。

各パネルの作業イメージ

　ここまで多くのパネルを紹介したので混乱してしまったかもしれませんが、使用頻度が高いものは決まっています。下の図は、実際に After Effects で作業するときの、パネルの使用順のイメージです。

　主に使用するのは、プロジェクトパネル、タイムラインパネル、コンポジションパネル、エフェクト＆プリセットパネル、そしてこのあと紹介するエフェクトコントロールパネル（→ p.51 参照）です。作成するアニメーションによって違いはありますが、次のステップで進めるのが基本のワークフローとなります。

基本のワークフロー　サンゼのオススメレイアウト

---

❶ プロジェクトパネル

　素材を読み込む

❷ タイムラインパネル

　プロジェクトパネルから素材をドラッグして配置。レイヤーの順列やアニメーションを管理

❸ エフェクト＆プリセットパネル（プロジェクトパネル裏に配置）

　エフェクトの検索、選択

❹ エフェクトコントロールパネル

　レイヤーに適用したいエフェクトをドラッグ。エフェクトの適用や順列を管理

❺ コンポジションパネル

　最終結果を映像で確認しながら、エフェクトコントロールパネルでエフェクトの数値を調整

❻ タイムラインパネル

　エフェクトのパラメーターにキーフレームアニメーションを適用

パネルの設定

After Effects の各パネルは、消去したりドッキングしたり、自由にレイアウトを変更することが可能です。使いやすいレイアウトを探していくことも、作業の効率化には大切です。

パネルの消去

各パネルの左上にある［×］を押すと、パネルを閉じることができます。閉じたパネルはいつでも開くことが可能です（本書ではオーディオパネルとプレビューパネルはワークスペースから外しています）。

パネルの消去

パネルの追加

パネルの追加は上部メニューの［ウィンドウ］から行います。ワークスペースに追加されているパネルには、パネル名の左側にチェックマークが付きます。チェックマークの付いていないパネル名をクリックすると、ワークスペースにパネルを追加できます。

パネルの追加

🖳 パネルのドッキング

　パネルの名前が表示されているタブをドラッグすると、パネルのドッキングや移動ができます。ドッキングしたパネルは、タブで切り替えて選択することが可能です。その際は、パネル名の隣にある三本線のメニューをクリックし、[パネルグループの設定]から[パネルを上下に重ねて表示]のチェックを外しておくとレイアウトしやすくなります。

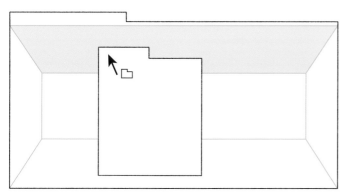

パネルのドッキング

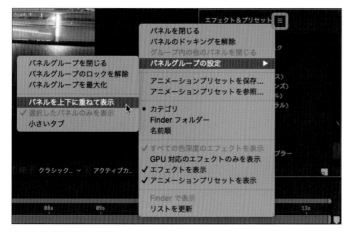

パネルを上下に重ねて表示

🖳 パネルのサイズ変更

　パネルの境界線をドラッグすることで、パネルの縦横の幅を変更することができます。使用しているPCのモニターサイズに合わせて、ちょうどよい大きさに変更することをオススメします。

境界線の調整

2-4 サンゼのオススメ設定（本書の前提）

　ここからは、サンゼのオススメのワークスペースレイアウトをご紹介します。チュートリアル動画も含めて、本書はこのレイアウトを前提に解説をしています。下図を参考にレイアウトを変更してみましょう。初期設定のワークスペースをベースに、いくつかパネルを追加しています。

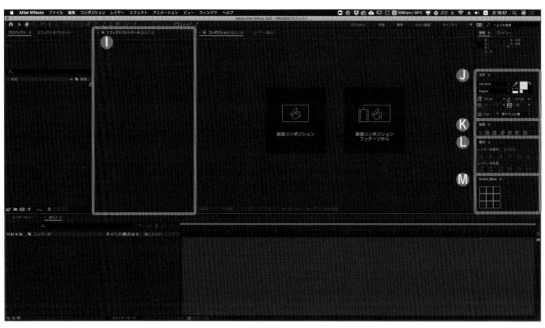

サンゼのオススメレイアウト

新しく追加するパネル

　新しく追加したパネルをご紹介します。以下のパネルを上部メニュー［ウィンドウ］から追加してください。なお、Anchor Move は拡張ツールです。無料なので必ずダウンロードしてください。作業が格段に早くなります。

> **I** エフェクトコントロールパネル　**J** 文字パネル　**K** 段落パネル
> **L** 整列パネル　**M** Anchor Move（無料スクリプト）

▥ I. エフェクトコントロールパネル

タイムラインパネルで選択したレイヤーに適用されているエフェクトの確認、パラメーターの調整、エフェクトの適用順の管理を行うことができます。

エフェクトは1つのレイヤー対して複数使用でき、上から順番に適用されます。この順番を変えることで最終的なエフェクトの効果も変化します。

> **! 注意！**
>
> エフェクトコントロールパネルは初期設定ではプロジェクトパネルと重なっています。見つけにくい場合は、After Effects 上部メニューの［ウィンドウ］から呼び出してみてください。

エフェクトコントロールパネル

▥ J. 文字パネル

文字パネルでは選択しているテキストレイヤーのフォントの種類、大きさ、色などの細かな調整を行うことができます。

上部メニューの［ウィンドウ］→［文字］を選択するとパネルが表示されます。

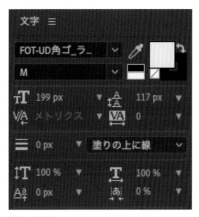

文字パネル

▥ K. 段落パネル

段落パネルでは改行したテキストの左揃え、中央揃え、右揃えを設定することができます。縦書きテキストの場合は、上揃え、中央揃え、下揃えの設定になります。

上部メニューの［ウィンドウ］→［段落］を選択するとパネルが表示されます。

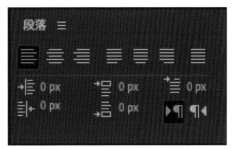

段落パネル

L. 整列パネル

整列パネルでは選択したレイヤーを等間隔に並べることや、上下または左右にそろえて配置することができます。

「レイヤーを整列」のドロップダウンメニューで「選択範囲」から「コンポジション」に切り替えると、コンポジションに対して整列させることが可能です。

整列パネル

M. Anchor Move

無料の拡張スクリプトをインストールすることで追加します。Anchor Move を使うことで、選択レイヤーのアンカーポイントを、レイヤーの位置を維持した状態で変更することができます。

レイヤーにはアンカーポイントという中心点が必ずあり、そこがアニメーションをする際の軸になります。アンカーポイントの位置調整は頻繁に行う作業なので、Anchor Move を導入することで作業時間の短縮が望めます。

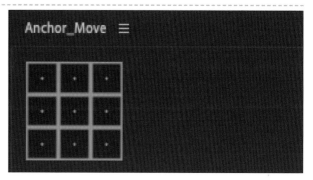

Anchor Move

スクリプトって何？

今回ご紹介している「Anchor Move」は、**スクリプト**という拡張方式です。After Effects のスクリプトには、有償・無償を問わず、さまざまな種類があります。インストール方法はスクリプトの発行元の指示に従ってください。一度覚えてしまえば基本的には拡張方法は同じなので、まずは次ページのステップでインストールしてみましょう。

> **① 注意！**
>
> 「Anchor Move」は、本書の使用範囲では問題ありませんが、3D レイヤーのアンカーポイント変更などについては対応していません。さらに高機能をお求めの方は、有料にはなりますが、BATCH FRAME 社の「Move Anchor Point 4」もオススメです（→ p.55 参照）。

Anchor Move のインストール方法

Anchor Move は、次の手順でインストールできます

Step1 スクリプトデータのダウンロード

Anchor Move のスクリプトデータを、以下のサイトからダウンロードしてください。

・【After Effects スクリプト】Anchor Move（https://miya-script.booth.pm/items/2751954）

Anchor Move のダウンロード①   Anchor Move のダウンロード②

Step2 スクリプトデータを ScriptUI Panels に入れる

ダウンロードした Zip ファイルを解凍したら、下記の場所へ「Anchor_Move.jsxbin」を入れてください。After Effects が起動中の場合は、After Effects を再起動してください。

> ・Mac の場合
> Applications/Adobe After Effects CC（使用しているバージョン）/Scripts
> /ScriptUI Panels/
>
> ・Windows の場合
> C/Program Files/Adobe/Adobe After Effects CC（使用しているバージョン）
> /Support Files/Scripts/ScriptUI Panels/

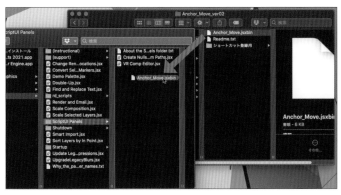

スクリプトデータを ScriptUI Panels に入れる

📑 Step3　パネルをワークスペースに追加

　上部メニューの［ウィンドウ］の下の方にある「Anchor_Move.jsxbin」を実行すると、スクリプトが表示されます。

パネルの追加

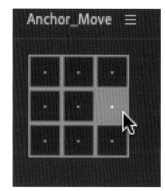

追加されたパネル

📑 Step4　Anchor Move の使用

　レイヤーを選択して（複数選択でも OK）Anchor Move のボタンを押すと、押したボタンの位置にアンカーポイントの位置が変更されます。ツールパネルの中のアンカーポイントツールを使用して、手動でアンカーポイントを変更することもできますが、このツールを使ったほうが簡単に作業できます。

アンカーポイントの変更

Move Anchor Point 4

有償ですが、BATCH FRAME 社の「Move Anchor Point 4」というツールもオススメです。こちらはエクステンションという拡張方法なので、ダウンロードしたファイルを「ZXPInstaller」で開くことで After Effects へ拡張することができます。こちらのツールは 3D レイヤーのアンカーポイント移動にも対応しています。

・Move Anchor Point 4（https://flashbackj.com/product/move-anchor-point-4）
・ZXPInstaller（https://zxpinstaller.com/）

Move Anchor Point 4 のダウンロードページ

Move Anchor Point 4

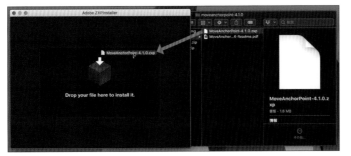

ZXPInstaller でファイルをオープン

エクステンションからパネルに追加

aescripts の HP

サンゼレイアウトがオススメの理由

なぜこのレイアウトが重要かというと、After Effects のエフェクトの処理が関係しています。After Effects のエフェクトは、1つのレイヤーに対して複数適用することができます。また、エフェクトは上から順番に処理されていくという特徴もあります（→ p.175 参照）。そのためエフェクトコントロールパネルは、エフェクト単体の数値の調整だけでなく、適用しているエフェクト同士の順番も管理するパネルなのです。

そういった After Effects の特性を考えると、エフェクト＆プリセットパネルの隣にエフェクトコントロールパネルを置いておくことで、エフェクトの適用と順番の管理を同時に行うことが可能になり、作業がスムーズになります。

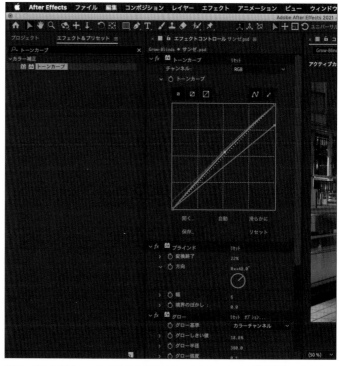

エフェクト＆プリセットパネルの隣はエフェクトコントロールパネル

■ ワークスペースの保存

ワークスペースをカスタムしたら、レイアウトを保存することができます。画面右上にはワークスペース名が並んでおり、現在選択しているワークスペースはブルーでハイライトされています。選択しているワークスペース名の右側にある三本線をクリックすると、コンテキストメニューが出てきます。［新規ワークスペースとして保存］を選択して、任意の名前で保存しましょう。

デフォルトでは使用頻度の低いパネルなどが表示されている場合があります。自分の作業内容や PC のモニターサイズに合わせて変更することで、作業効率を向上させることができます。今回作成したレイアウトはサンゼのオススメですが、ビギナーの方はこのレイアウトをベースにしつつ、自分なりのカスタムを探していくと、より After Effects に愛着が湧くと思います。

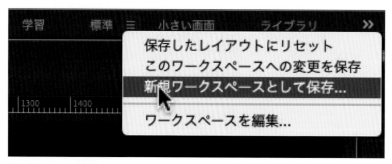

ワークスペースの保存

その他のオススメ設定

実際に映像制作を始める前に、環境設定ウィンドウで簡単な設定変更を行うことで、より作業がしやすくなります。次の章に入る前に、必ず以下の設定変更を行っておきましょう。

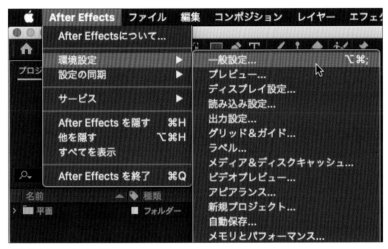

環境設定ウィンドウを開く

初期設定の空間補間法にリニアを使用

画面上部の左側にある［After Effects］→［環境設定］→［一般設定］で環境設定ウィンドウを開き、「初期設定の空間補間法にリニアを使用」にチェックをお願いします。アニメーションの設定がしやすくなります。

アンカーポイントを新しいシェイプレイヤーの中央に配置

［After Effects］→［環境設定］→［一般設定］で環境設定ウィンドウを開き、「アンカーポイントを新しいシェイプレイヤーの中央に配置」にチェックをお願いします。シェイプレイヤーを作成した際に、自動的にシェイプの中心点にアンカーポイントを配置してくれます。

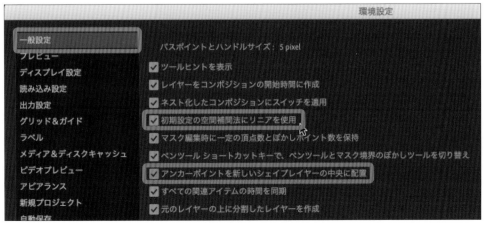

アンカーポイントを新しいシェイプレイヤーの中央に配置

■ スクリプトによるファイルへの書き込みとネットワークへのアクセスを許可

[After Effects] → [環境設定] → [スクリプトとエクスプレッション] で環境設定ウィンドウを開き、「スクリプトによるファイルへの書き込みとネットワークへのアクセスを許可」にチェックをお願いします。

スクリプトやプラグインによっては、インストール時に通信が必要なものもあります。ここにチェックをしておくことで、スクリプト類のインストールがスムーズになります。

スクリプトによるファイルへの書き込みとネットワークへのアクセスを許可

■ プロジェクトの自動保存設定

「予期せぬシャットダウンで作業データが飛んでしまった……」なんてトラブル回避のために、自動保存機能を活用しましょう。

[After Effects] → [環境設定] → [自動保存] で環境設定ウィンドウを開き、「保存の間隔」にチェックが入っていることを確認します。チェックが入っていない場合は、チェックを入れてください。こうするとプロジェクトデータと同じ階層に「Auto Save」のフォルダが作成され、定期的にプロジェクトデータが自動保存されていきます。

自動保存設定

■ F1、F2などのキーを標準のファンクションキーとして使用

After Effectsを離れて、Macの［システム環境設定］→［キーボード］→［FI、F2などのキーを標準のファンクションキーとして使用］を忘れずに設定しましょう。Macの初期設定だと、ここのチェックが外れている場合があります。ファンクションキーが有効でないと、After Effectsでよく使用する［F4］や［F9］が使用できませんのでご注意ください。

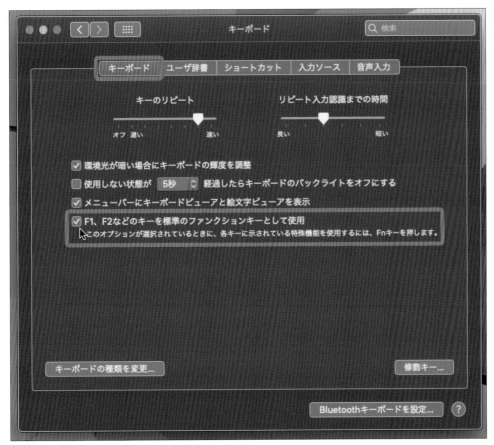

Macのファンクションキー設定

💡 **マメ知識　結局は別名保存が大切**

自動保存設定を紹介しましたが、それだけに頼らず、自分でこまめに別名保存するように心がけることも大切です。

> 上書き保存
> 　［ファイル］→［保存］（ショートカット［⌘＋S]）
> 別名保存
> 　［ファイル］→［別名で保存］（ショートカット［⌘＋Shift＋S]）

作業中のプロジェクトデータは作業のキリのよいタイミングで、末尾に「_v01」「_v02」「_v03」といったようにバージョニングしながら保存していくと、トラブルの回避につながります。

◆ ディスクキャッシュって何？

コンポジションを再生すると、タイムラインでは緑色のラインでキャッシュが貯まっていきます。緑のキャッシュが貯まった箇所は、リアルタイムで再生されます。このキャッシュの長さは、ハードディスクの容量に依存します。

キャッシュの保存場所は、上部メニュー［After Effects］→［環境設定］→［メディア＆ディスクキャッシュ］で変更できます。予算に余裕がある場合は、速度の速い SSD などを別途用意してキャッシュ先に指定すると、プレビューがさらにスムーズになります。

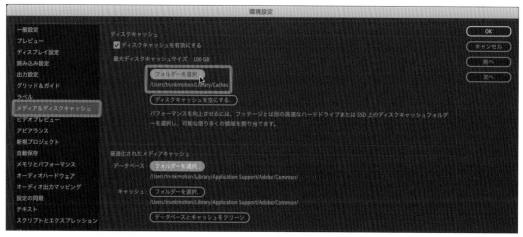

ディスクキャッシュの保存場所の変更

■ キャッシュの削除

プレビューの再生を複数回行っていくとキャッシュが溜まっていき、ハードディスクの容量を圧迫します。上部メニューの［編集］→［キャッシュの消去］→［すべてのメモリ＆ディスクキャッシュ］でキャッシュの削除を行うことができます。

キャッシュの削除

第2章まとめ

ということで、長かったですがお疲れ様でした！ After Effects の操作パネルの役割と、レイアウト変更の方法がザックリわかったと思います。次の第3章では、ビギナーの方が見落としがちな「映像編集の基礎知識」と「素材ファイルの読み込み方法」について学んでいきます。それでは次回の動画で、お会いしましょう！ ではまたー！

第3章

映像編集の基礎知識と
素材の読み込み方を学ぼう！

この章で学べること

　今回の章では、独学だと抜け落ちてしまいがちな映像編集の基礎知識を紹介していきます。「解像度」「タイムコード」「フレームレート」「RGB と CMYK」「アルファチャンネル」などについて学びます。

　また After Effects への「素材の読み込み方法」と「読み込み方法の違い」についても解説しています。読み込みの練習用素材は前章でダウンロードした「000000_Sanze_text_animation」の中に用意しています。ダウンロードがまだの場合は、書籍購入者用ダウンロードページからダウンロードをお願いします。

3-1 映像の単位・解像度・フレームレート

　この章では、After Effects の素材の読み込み方法を学んでいます。ただその前に、映像編集の基礎知識を知っておくと、スムーズに理解が進むかと思います。そこでまずは、カットやシーンなどの映像の単位から学んでいきましょう。

映像の単位って何？

　「映像」は次のように、「作品」「シーン」「カット」「コマ」といった4つの単位に分解することができます。

> ・作品
>
> 　まだ映像編集をしたことのない方が最初に触れる映像の単位が、「作品」だと思います。映画、ミュージックビデオ、コマーシャルなど、映像のジャンルに関係なく、テーマに沿ってさまざまなシーンがまとまった映像のことを作品と呼びます。
>
> 　作品を分解すると、複数のシーンによって作られているのがわかります。
>
> ・シーン
>
> 　作品を構成する要素です。場面と言い換えることもできます。
>
> 　シーンを分解すると、複数のカットで作られているのがわかります。
>
> ・カット
>
> 　カットはシーンを構成する要素です。カットは基本的に、カメラのアングルが変わることで切り替わります。複数のカットでシーンを構成することが多いですが、緊迫感をもたせるためにあえて、1シーンを1つのカットの長回しで撮影することもあります。これを「ワンシーン・ワンカット」と呼びます。
>
> 　カットを分解すると、複数のコマで作成されているのがわかります。
>
> ・コマ
>
> 　カットを構成する連続した静止画のことです。この連続した静止画がパラパラ漫画のように次々と流れていくことで映像になります。

　まとめると、コマが集まってカットになり、カットが集まってシーンになります。シーンがテーマに沿って集まると1つの作品になります。映像編集をしていく上でこの概念をしっかりと理解しておくと、映像編集全体の構成づくりに役立ちます。次のページに、それぞれの関係のイメージをイラストで示したので、参考にしてみてください。

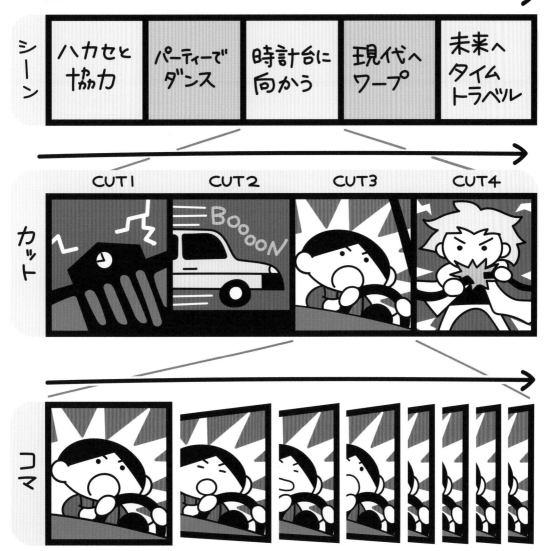

作品・シーン・カット・コマのイメージ

解像度って何？

モニターの画面はよく見ると、細かな粒が格子状に集まって映像を描画しています。この粒のことを**ピクセル**と呼び、ピクセルがどれだけ縦横に並んでいるかを示すのが**解像度**です。

解像度にはさまざまな規格があります。地上波のテレビ放送などで一番ポピュラーなのは**フルHD**です。フルHDとは、横に1920ピクセル、縦に1080ピクセルが並んでいる大きさのことです。

一方で**4K**は、フルHDを縦横それぞれ2倍にしたものです。つまり4Kは、横3840ピクセル、縦2160ピクセルとなります。

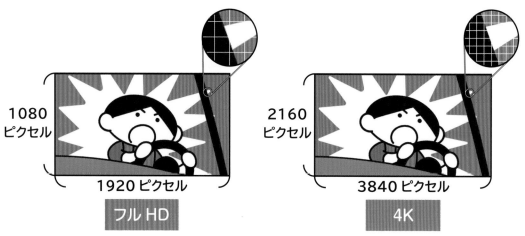

フルHDと4K

> **⚠ 注意！**
>
> 4Kコンテンツを作るときに思い出してほしいことがあります。実は4Kには、テレビ業界から生まれた4Kと映画業界から生まれた4Kの2種類の規格があります。
>
> ・**テレビ業界の4K（4K UHDTV）**……**3840 × 2160ピクセル**
> ・**映画業界の4K（DCI 4K）**……**4096 × 2160ピクセル**
>
> 映画用のDCI 4Kの方が、横幅が少し長くなっています。4Kの作品を作るときは、映像が最終的にどの業界・媒体で使用されるのかをしっかりと確認して納品時の規格を決めましょう。

フレームレート（コマ数）って何？

「映像の単位って何？」で、映像は連続した静止画であるということを説明しました（→ p.62参照）。

フレームレートとは、1秒あたりに使用する静止画の枚数（コマ数）を指します。**fps**（フレームパーセカンズ）という単位で表します。

一般的に、映画やミュージックビデオなどは「23.976fps」、テレビの映像などは「29.97fps」です。「23.976」や「29.97」と数字の端切れが悪いのは、放送の歴史が関係しています。詳細は割愛しますが、興味がある方は調べてみてください。

▣ フレームレートの特性

　フレームレートは、増えると映像が滑らかになり、生々しい感じの映像になるという特性があります。そのためスポーツ番組の映像などでは、「60fps」といったコマ数が多い状態で撮影することで、臨場感を生むことができます。

　しかし反対に、上質感を求める映画やコマーシャルでこれを使用すると、少し安っぽい印象になってしまいます。そのため、映画などは「24fps」で作成されることが一般的です。

　フレームレートは納品媒体に合わせて選定するのが基本ですが、映画のような質感が欲しい際に、演出の意図としてあえて「24fps」で作成する場合もあります。「24fps」で撮影すると、日常の映像にも、不思議と映画のような上質感が生まれやすくなります。もちろん、それだけで映像が上質になるわけではありませんが、「フレームレートが映像の印象を左右する」と言っても過言ではないでしょう。

　また、フレームレートを減らすと1秒あたりに必要な静止画の数が減るため、レンダリング（映像の書き出し）時間の削減にもつながり、一石二鳥です。

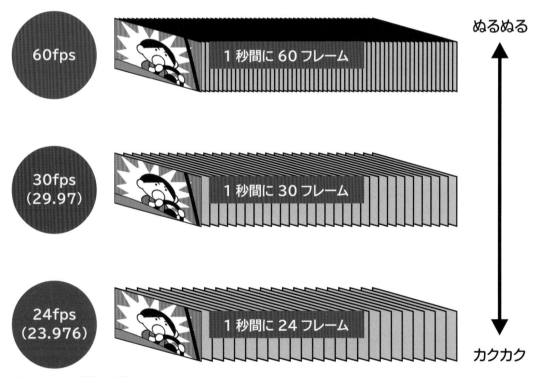

フレームレートの数による違い

タイムコードって何？

映像データには、**タイムコード**（TC）という「時間軸」があります。タイムコードは、実写映像でもアニメーションでも、必ず動画に埋め込まれています。

このタイムコードがあることで、映像の管理がとてもスムーズになります。チームで作業するときも、タイムコードを伝えることで、今自分がどのシーンについて話しているかを正確に伝えることができます。

時間　　分　　秒　フレーム（コマ）
18:53:20:06
タイムコードの表記の仕方

コンポジションにもタイムコードがある

ソースタイムコードとレックタイムコード

タイムコードには、**ソースタイムコード**と**レックタイムコード**の2種類があります。

> ソースタイムコード：元素材のタイムコード
> レックタイムコード：コンポジションのタイムコード

2つの違いを理解して作業すると、素材の差し替えをスムーズに行うことができます。ビギナーのうちはあまり意識することはないかもしれませんが、とても大切なことです。頭の片隅に置いておいてください。

2種類のタイムレコード

ドロップフレームとノンドロップフレーム

　ドロップフレームと**ノンドロップフレーム**は、タイムコードに関する設定です。After Effects でコンポジションを作成するときや、Premiere Pro でシーケンスを作成するときに設定が必要になります。テレビ番組の長尺の作品以外はすべて、「ノンドロップフレーム」の設定で問題ありません。

　なお、ドロップフレームタイムコードには、次のようなルールがあります。

①毎分「00 秒」のときに、2 フレーム分のタイムコードをドロップ（スキップ）させる
②ただし、毎「10 分」ではドロップさせない

　ややこしいですが、ドロップフレームの誕生には、モノクロ放送からカラー放送に変わるときの技術的問題を解決するためという歴史的な背景が関係しています。

コンポジション設定　ノンドロップフレーム

💡 マメ知識　フレーム番号とタイムコードをクリックで切り替え

　タイムラインパネルの左上のタイムコードを、[⌘ (Ctrl)] キーを押しながらクリックすることで、タイムコード表示とフレーム番号表示を簡単に切り替えることができます。

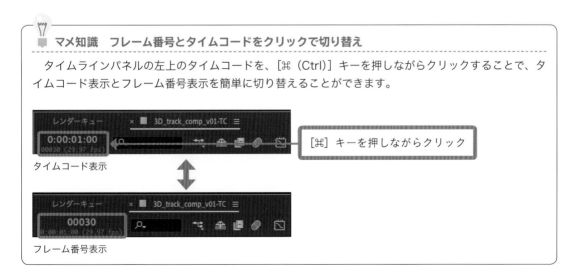

3-2 RGB・CMYK

光の三原色と色の三原色って何？

　光の三原色と**色の三原色**って聞いたことありますか？　映像の色を作るのは、光の三原色である RGB です。一方で、印刷物の色を作るのは、色の三原色である CMY（K）です。それぞれの三原色は、混ざり方のバランスによって、さまざまな色を作り出します。光の三原色は混ざることで明るくなっていきます。反対に色の三原色である CMYK は、混ざると暗くなっていくという性質があります。

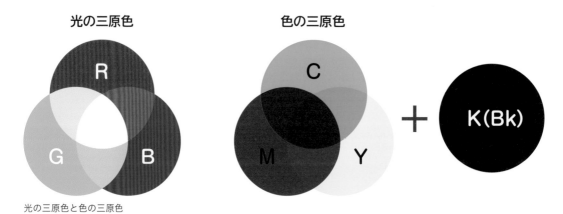

光の三原色と色の三原色

RGB って何？

　RGB とは、光の三原色である「R（レッド）・G（グリーン）・B（ブルー）」の頭文字をとったものです。それぞれの色の強さは 0 〜 255 までの計 256 段階あり、3 つの原色で映像上のすべての色が作られています。8bpc という標準的な色空間でも、この RGB の配合のバランスの違いで約 1677 万色の色味を生み出すことができます（→ p.223 参照）。

　After Effects では新規平面レイヤーを作成するときや、情報パネルに RGB のそれぞれの数値が表示されるので、意識して見てみると色について数値的に紐解くことできるようになります。色について知ることは、映像を作る上でかなり強みになります。

平面レイヤーの RGB 値

コンポジションのチャンネル

CMYK って何？

CMYK とは、色の三原色である「C（シアン）・M（マゼンタ）・Y（イエロー）」に、文字を印刷するための「K（ブラック）」をあわせて、その頭文字をとったものです。RGB と同様に、この CMY の配合のバランスによって、印刷物のほとんどの色を作ることができます。

文字などを表現するブラックは、独立した「K」で扱います。この方が、文字を印刷するときに色ズレが起こるリスクなどを減らすことができるためです。

CMYK は印刷用のカラーモードなので、映像系のソフトでは正しく読み込むことができません。そのため、色の設定を CMYK から RGB へ変換する必要があります。

アルファチャンネルって何？

RGB や CMYK のそれぞれの原色を**チャンネル**とも呼びます。そしてこの他に、もう１つ大切なチャンネルがあります。

それが**アルファチャンネル**（alpha channel）です。アルファチャンネルはレイヤーの不透明度を管理するチャンネルです。白黒で管理されており、黒い部分は透明に、白い部分は不透明になるというルールがあります。例えば、クッキーの型抜きを想像してみるとわかりやすいでしょう。RGB でできたクッキーの生地を、アルファチャンネルという型でくり抜くというイメージです。

アルファチャンネルは、映像加工をする際にとても重要な要素になります。「マスクツール」などでレイヤーに対して不透明度の調整をした際は、コンポジションパネル下部の「チャンネルおよびカラーマネージメント設定を表示」にて確認することができます。

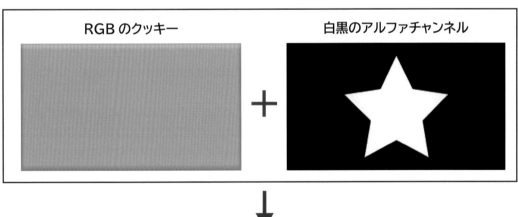

結果

アルファチャンネルのイメージ

3-3 素材の読み込み

After Effects の素材の読み込み

　素材の読み込み方法は、大きく分けて2通りあります。「読み込み」ウィンドウを立ち上げて読み込む方法と、Finderかエクスプローラーから直接ドラッグ＆ドロップで読み込む方法です。順に説明します。

■「読み込み」ウィンドウを立ち上げてファイルを選択して読み込む

　1つ目の方法は、次の手順で読み込みます。

> ①プロジェクトパネルの空いたスペースをダブルクリック
> ②「読み込み」ウィンドウが立ち上がるので、ファイルを選択して［読み込み］をクリック
> ※「読み込み」ウィンドウは上部メニューの［編集］→［読み込み］や、ショートカット［⌘＋I］
> 　でも立ち上げ可能です。

　ダウンロードファイルの下記のパスに動画素材があるので、この方法で読み込んでみましょう。

000000_Sanze_text_animation → 03_Footage → Movie → 210201_train_fire_CC_comp

「読み込み」ウィンドウから読む込む

🔲 Finder かエクスプローラーからドラッグ＆ドロップで読み込む

Finder やエクスプローラーから素材ファイルをドラッグで読み込むこともできます。この方法が一番手軽なのですが、この後紹介する連番ファイル（→ p.78 参照）などを読み込むときなどは上手くいかないので、注意が必要です。

ダウンロードファイルの下記のパスに静止画素材があるので、この方法で読み込んでみましょう。

000000_Sanze_text_animation → 03_Footage → image → BG.png

ドラッグ＆ドロップで読み込む

💡 **マメ知識　読み込んだ素材の情報**

プロジェクトパネルの上部には、選択した素材の情報（解像度やフレームレート）が小さく表示されます。読み込んだ素材が正しく読み込まれてるか確認するクセを付けておくとよいでしょう。

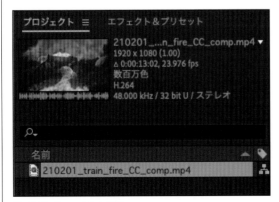

読み込んだファイルの情報

PSD ファイルの読み込み

　静止画素材の中には、Photoshop データ（PSD）のように、内部にレイヤー構造を保持したファイルがあります。このようなファイルを読み込む際は、レイヤーを無視して一枚の静止画として読み込むのか、バラバラのレイヤーとして読み込むかなどを設定する必要があります。これは、「読み込み」ウィンドウの、「読み込みの種類」や「レイヤーオプション」で指定できます。

　ダウンロードファイルの下記のパスにレイヤー分けされた PSD があるので読み込んでみましょう。

000000_Sanze_text_animation → 03_Footage → Image → PSD →サンゼ _RGB.psd

■「読み込みの種類」から「フッテージ」を選択した場合

　「読み込みの種類」で「フッテージ」を選択した場合は、レイヤーの階層情報を無視して、一枚の静止画素材として読み込みます。レイヤーオプションの違いで下記の 2 通りがあります。

> ・「レイヤーを統合」
> 　PSD ファイル上のレイヤーをすべて統合して一枚絵として読み込みます。
>
> ・「レイヤーを選択」
> 　PSD ファイルの中から任意のレイヤーのみ選択して読み込みます。さらに読み込んだ「フッテージのサイズ」も選択でき、「レイヤーサイズ」はそのレイヤーのサイズで読み込まれます。「ドキュメントサイズ」は、HD サイズなどカンバスのサイズでクロップされます。

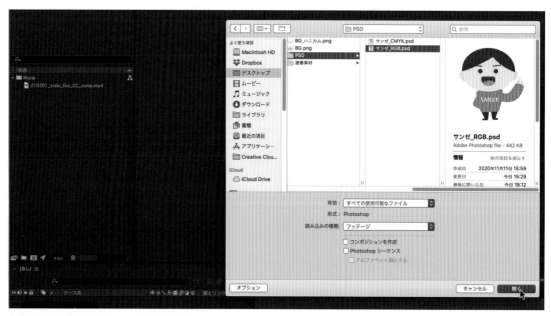

「フッテージ」読み込み

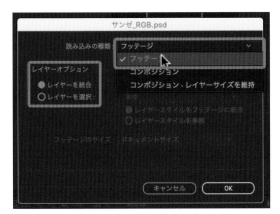

「フッテージ」読み込みのレイヤーオプション

プロジェクトパネルに読み込まれるのは1枚だけ

■「読み込みの種類」から「コンポジション」を指定した場合

「コンポジション」読み込みも、2通りあります。両方ともPSD内部のレイヤー情報を保持して、After Effects上でコンポジションとして読み込むというところまでは同じですが、読み込んだレイヤーの処理が異なります。使用頻度としては「コンポジション - レイヤーサイズを維持」の方が高いかと思います。

・「コンポジション - レイヤーサイズを維持」
PSDのカンバスサイズを超えたレイヤーもサイズを保持したまま読み込まれます。アンカーポイントは、レイヤーごとのサイズに合わせて自動的に中心点に配置されます。

・「コンポジション」
PSDのカンバスサイズを超えたレイヤーは、カンバスサイズでクロップされて読み込まれます。アンカーポイントは、カンバスサイズの中心点に配置されます。1000×1000ピクセルのカンバスサイズのPSDなら、全レイヤーのアンカーポイントの位置は「500,500」になります。

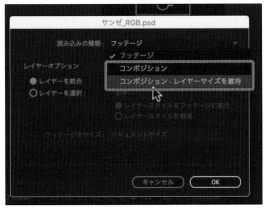

「コンポジション」読み込み

複数のレイヤーが読み込まれている

2通りのコンポジション読み込みの使い分け

　基本的には「コンポジション－レイヤーサイズを維持」の方が、PSD上のレイヤーサイズを維持したまま読み込めるので便利なのですが、使い方によっては諸刃の剣になります。

　問題は、「コンポジション－レイヤーサイズを維持」で読み込んだレイヤーを、PSDに戻って修正作業したときなどに生じます。レイヤーサイズが変わるとAfter Effects上でもレイヤーが更新されるのですが、このときせっかく配置したレイヤーがズレてしまいます。

　さらに、アニメーションの中心点であるアンカーポイントの位置も、自動で更新されてズレてしまいます。中心点がズレてしまうわけですから、アニメーションを付けていた場合はアニメーションも破綻してしまいます。

　「コンポジション」読み込みの場合、読み込んだ初期状態のアンカーポイントはセンターにあり、手作業でアンカーポイントを任意の位置に移動させる必要があります。しかしコチラの方法だと、PSDに戻ってレイヤーサイズを変更してもアンカーポイントの位置は更新されないので、すでにアニメーションを付けていたとしてもアニメーションの破綻は起きません。

　使い分けとしては、あとでPSDレイヤーに戻って修正する可能性があるPSDファイルを読み込む際は、「コンポジション－レイヤーサイズを維持」ではなく「コンポジション」の方がスムーズに作業ができると思います。

マメ知識　オリジナルを編集

　After EffectsとPremiere Proの両方で使えるテクニックなのですが、タイムラインでPSDレイヤーを選択して［⌘+E］を押すと「オリジナルを編集」ができます。

　自動的にPhotoshopが立ち上がって、オリジナルのPSDファイルの修正作業ができます。PSDを修正して保存すれば、自動的にAfter Effects上で再読み込みされて修正が反映されます。

　主にロゴアニメーションやPSDでテロップを作成しているときなどに重宝するテクニックです。

青枠：
Photoshop
のカンバスサイズ

頭重たい……

カンバスから飛び出ている

赤枠：
After Effects
のコンポジションサイズ

「コンポジション」
読み込み

収まっていない部分は
なくなる

「コンポジション -
レイヤーサイズを維持」
読み込み

収まっていない部分も
維持される

頭でっかちサンぜくんがカットされしまう

◆ CMYK は正しく読み込めない（カラーモードの切り替え）

　Photoshop や Illustrator は、RGB と CMYK の両方のカラーモードに対応しています（→ p.68 参照）。しかし、After Effects をはじめ Premiere Pro などの映像加工ソフトは、RGB で色を管理することが前提になっています。CMYK で作成されたデータは正しく読み込むことができません。そのため、PSD や JPEG などを読み込む際は、「カラーモード」が RGB になっていることを必ず確認してください。これは意外と見落としがちな注意点です。

　CMYK から RGB へのカラーモードの切り替えは、次のように行います。なお、Photoshop でカラーモードを切り替える際にはアラートが出て、レイヤーを結合するかどうかを尋ねられるので、［結合しない］を選択してください。

・Illustrator の場合

　［ファイル］→［ドキュメントのカラーモード］→［RGB カラー］

・Photoshop の場合

　［イメージ］→［モード］→［RGB カラー］

Illustrator のカラーモード切替

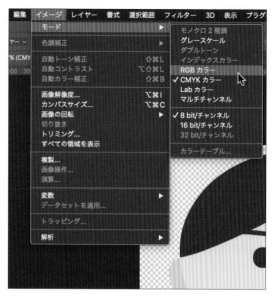

Photoshop のカラーモード切替

Photoshop のアラート

カラーモード変換における変色

カラーモードの変換に伴って、データの色味は変わってしまうので注意が必要です。そのため、Illustrator でデータを作成するときは、あらかじめ両方のカラーモードでデータを作っておくことが大切です。

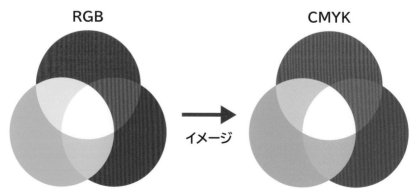

RGB のデータを CMYK で表現する際のイメージ

3

▶ カラーモードに詳しくなりたい方へ

　カラーモードに関しての豆知識
も、サンゼの YouTube 動画で詳
しく解説しているので良かったら
見てくださいね！　コチラのサム
ネイルが目印です。

CMYK データを映像に使う際の注意点
【グローバルカラーを使おう】098
https://youtu.be/ifPrbUWYfCQ

音素材の読み込み

　WAV や MP3 などの音素材も、これまでと同じ方法で読み込むことができます。ただし、音素材を
After Effects へ直接読み込むのはあまりおすすめしません。After Effects はリアルタイムでの音声の
再生が得意なソフトではないので、正しいタイミングで音の調整をすることが難しいです。

　そのため、音ハメ編集をしたいときは Premiere Pro でオフライン QT を作成するのがオススメで
す。Premiere Pro は音声の再生がリアルタイムでできるソフトです。

　以下の手順で作成すると、音声をリアルタイムで確認できないという After Effects の弱点を、
Premiere Pro で補うことができます。

音ハメ編集の手順

① Premiere Pro で音声波形を見ながら曲を聞き、画の切り替わりポイントを探す

②字コンテレベルでよいので、画の切り替わりをテキストツールでのせていく

　※字で映像の内容を表現することを字コンテといいます。絵で表したものは絵コンテです。

③作成したガイド映像を「オフライン QT（ガイド QT）」として書き出しを行い、その映像を
　After Effects で読み込む

④それをガイドにしながらアニメーションを作り込んでいく

3-4 連番ファイル

連番ファイルって何？

「映像の単位って何？」でも紹介しましたが、動画は連続した静止画でできています（→ p.62 参照）。**連番ファイル**とは、映像を動画ファイル（MOV や MP4 など）ではなく、通し番号でナンバリングされた静止画で扱うことを指します。各静止画ファイルの末尾に、表示順を示す数字として「_0001」「_0002」「_0003」といった数字を割り振るのですが、この番号が連続してるので連番ファイルと呼ぶわけです。

連番ファイルを管理する際は、散らかってしまわないようにカットごとにフォルダに入れて整理します。このとき、MOV や MP4 などの動画ファイルと違って、チェックすべき項目があります。

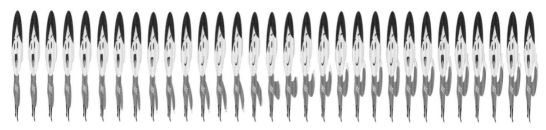

横から見た連続した静止画

連番ファイルの読み込み

連番ファイルを読み込む際は、他のファイルと同様に「読み込み」ウィンドウを立ち上げる必要があります。今回は、サンゼくんの指差しアニメーションを「000000_Sanze_text_animation」に用意したので、これを読み込んでみましょう。

000000_Sanze_text_animation → 03_Footage → Image →連番素材→ワンポイント

フォルダ内の連番ファイルには連番を示す番号が割り振られており、これを連番ファイルとして正しく読み込むには次のように行います。

■ シーケンスオプション

連番素材を読み込む際は、どの番号でもよいのでファイルを1枚選択して、「読み込み」ウィンドウ下部にある「シーケンスオプション」を確認してください。「シーケンスオプション」は、連番素材を選択すると自動的に現れます。ここでは「PNG シーケンス」にチェックが入っていることを確認し［開く］ボタンを押します。

「シーケンスオプション」にチェックを入れて読み込むと、連番ファイルを動画として After Effects へ読み込むことができます。連番ファイルなので音声はありません。

シーケンスオプション

⚠ 注意！

　Finder（エクスプローラー）から、プロジェクトパネルへドラッグして読み込む場合は、「連番の入っているフォルダごとドラッグする」と覚えておきましょう。これを間違えると、独立したバラバラの静止画として読み込まれてしまうので注意が必要です。

　ドラッグで素材を読み込むのは簡単なのですが、ミスにつながりやすい側面もあります。ひと手間かかりますが、「読み込み」ウィンドウを立ち上げて読み込みを行うのをオススメします。

読み込み失敗

読み込み成功

連番素材のフレームレートの設定

　連番素材を読み込んだらフレームレートを確認しましょう（→ p.64 参照）。動画ファイルの場合は、ファイル自体にフレームレート情報が埋め込まれているため、フレームレートは自動的に反映されます。

　しかし、連番ファイルの場合はフレームレート情報が設定されていないため、「環境設定」で設定されている初期設定のフレームレートで読み込まれてしまいます。そのため、連番素材は読み込んだファイルのフレームレートを手動で変更する必要があります。

読み込み後にフレームレートを変更する

　すでに読み込んだ連番素材のフレームレートを変更したい場合は、連番素材のアイコンを右クリックして、コンテキストメニューから［フッテージを変換］→［メイン］をクリックします。「フッテージを変換」パネルが立ち上がるので、「メインオプション」タブの「予測フレームレート」でフレームレートを指定すると、任意のフレームレートへ変換できます。

　動画素材などフレームレートが埋め込まれている素材の場合は、「予測フレームレート」の項目が「次のフレームレートに調整」という名前に変わります。この場合も同様に、後からフレームレートの変更を行うことができます。

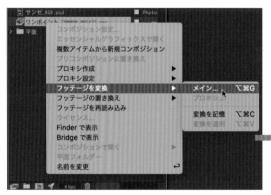

読み込み後にフレームレートを変更

読み込み前にフレームレートを指定する

　［After Effects］→［環境設定］→［読み込み設定］をクリックし、「シーケンスフッテージ」の設定を確認します。一般的に、テレビコマーシャルは「29.97fps」、ミュージックビデオや映画は「23.976fps」です。自分が関わることが多い映像に適したフレームレートに前もって設定しておくと、連番素材の読み込み作業の手間が減ります。

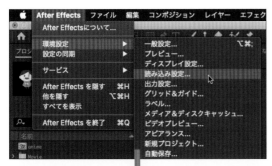

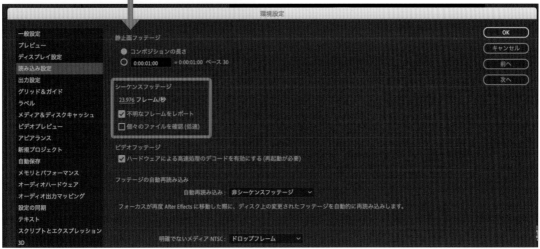

読み込み前にフレームレートを指定

Column 「連番ってなんかめんどくさくない？」という方へ

　今までの操作の流れを見てもらうと、連番を使うのはかなり手間に感じる方が多いと思います。しかし、連番素材にはその手間をかけてでも行うメリットがあります。

> ①複数の PC でレンダリングを分散して行うことができる
>
> 　After Effects には、複数マシンを使ってレンダリングを行う、分散レンダリングという機能が付いています。複数マシンでレンダリングするため、1台でレンダリングするより圧倒的に早く処理をすることができます。
>
> ②トラブルが起きてレンダリングが途中で止まってもデータ全体を損失しない
>
> 　動画データの場合、レンダリングの最後の最後にエラーが出てしまうと全フレームが損失する可能性が高いです。しかし、連番ファイルの場合であれば、1フレームずつ画像ファイルとして書き出されているため、万が一レンダリングが止まってしまった場合でも、レンダリング済みのファイルは破損することなく残っており、途中から再開することができます。

　このような理由から、CG 制作会社から提供される素材は連番素材が多いです。そのため、仕事で After Effects を使用する場合は、他部署との連携を円滑に進めるためにも、連番素材の扱いは避けて通れません。個人で映像制作をする方も、レンダリングに1時間以上かかりそうな場合は、リスクヘッジとして連番書き出しを検討してみるとよいかもしれません。

3-5 素材の整理と消去

素材の整理

素材を読み込んだら、プロジェクトパネルで素材を整理することが大切です。

整理のためのフォルダは、[新規フォルダ作成] ボタンから作ることができます。作成したフォルダに各素材をドラッグ＆ドロップで移動させます。フォルダ名を変更するには、フォルダを選択して [Enter] キーを押し、任意の名前を入力していきます。最低限、素材は「Footage」、コンポジションは「Comp」という名前のフォルダで分けておくのがオススメです。

データの整理整頓は、映像のクオリティアップに必要不可欠なものになります。ビギナーのうちからこのことを心がけておくと、映像作品のクオリティの平均点アップにつながります。

整理整頓されたレイヤー

 マメ知識　リネームの方法

After Effects でのリネームは、素材やフォルダなどを選択して、[Enter] キーを押すことで入力可能になります。これは、プロジェクトパネル・タイムラインパネルともに共通です。

素材の消去

読み込んだ素材を削除するには、削除したい素材を選択した状態で [Delete] キーを押してください。もしくは、プロジェクトパネル下部にあるゴミ箱マークにドラッグ＆ドロップでも可能です。

すでにタイムラインにレイヤーとして使用している素材を消す場合は、アラートが出ます。使用済みの素材をプロジェクトパネルから削除すると、タイムラインからも取り除かれるので注意してください。

ゴミ箱にドラッグして削除

アラート

素材のリリンク

　第 2 章でも少しご説明しましたが、After Effects で読み込んだ素材は、外部リンクとして扱われます（→ p.34 参照）。そのため、編集など行っても、オリジナルファイルには影響がありません。

　また、読み込んだ後に元ファイルの名前や保存場所を変更すると、リンクが切れてしまうので注意しましょう。リンク切れになると、エラーメッセージが表示されます。さらに、素材がメディアオフラインになっていることを示すカラーバー表示に切り替わります。

　リンク切れをリリンク（再リンク）するには、その素材を右クリックし、コンテキストメニューから［フッテージの置き換え］→［ファイル］を選択して、リンクし直したいファイルを指定します。これによってカラーバーが指定した素材に置き換わります。また、1 つのファイルがリリンクされると、連動して他のメディアオフラインファイルもリリンクされます。

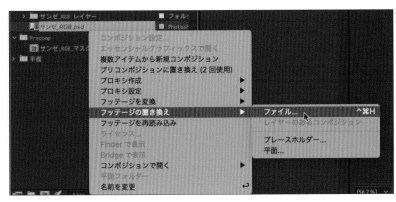

フッテージの置き換え

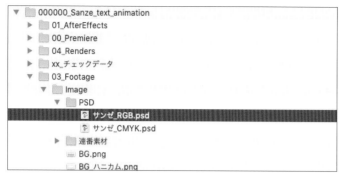

読み込みパネルからファイルを指定

連動して他のメディアオフラインファイルもリリンクされる

第3章まとめ

　お疲れさまでした！　今回は映像編集に必要な基礎知識と、ファイルの読み込み方についてご紹介しました。特に映像編集の基礎については、知らないことばかりだったかもしれませんが、編集作業を円滑に進めるためにとても重要な項目です。たまに振り返って読んでもらえると、さらに知識が深まっていくと思います。

　次の章からは、いよいよアニメーションを作成していきます！　アニメーション制作を楽しみましょー！

第4章

簡単なテキストアニメーション
を作ってみよう！

この章で学べること

今回の章からいよいよアニメーションを作成していきます。少しずつ
レベルアップしていくので、動画を見て流れをつかんでください。書籍
では動画で紹介していない細かなTipsも盛り込んでいるので、パラパラ
読みをするだけでも効果があります。わからなかった部分は、本書で掘
り下げてみてください。

簡単なテキストアニメーションを作ってみよう！

Chapter Sheet

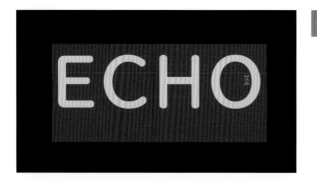

新規コンポジションを作成する

- 新規コンポジションを作成
- タイムラインパネルと連動

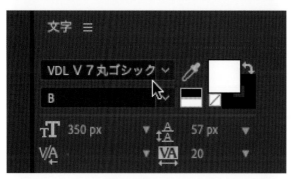

テキストレイヤーを作成

- テキストを入力
- フォント

レイヤーについて学ぶ

- レイヤーの概念
- レイヤープロパティ

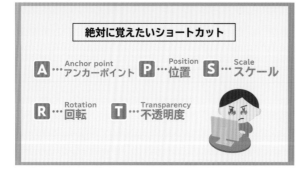

キーフレームアニメーションの作成

- キーフレームを付ける
- 覚えておいてほしいショートカット

キーフレームの種類を学ぶ

- リニア
- イージーイーズ

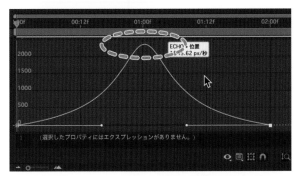

グラフエディターでさらに強弱を付ける

- グラフエディターを表示
- 速度グラフと値グラフ

ポップアップアニメの作成

- 新規コンポジションを作成
- スケールにアニメーションを付ける

- 完成！

動画視聴お疲れさまでした！

4-1 コンポジション・タイムラインパネル

コンポジションって何？

コンポジションは、After Effects で映像を構成するための箱のようなものです。Photoshop のカンバスに似ていますが、縦と横の他に奥行きの概念がある点が異なります。

コンポジションを作成するときは、映像の解像度、開始タイムコード、フレームレート、デュレーション（カットの長さ）を設定していきます。

コンポジションは箱

コンポジションの作り方

コンポジションの作り方は、大きく分けて 2 つあります。

A. モーショングラフィックスを作成する場合
　　プロジェクトパネルを右クリックして［新規コンポジション］で作成

B. 実写素材の撮影データなどを使う場合
　　素材データをコンポジションマークへドラッグして作成

この 2 つは、「素材の情報を使うかどうか？」で使い分けます。それぞれ次のページで説明していきます。

■ A. ［新規コンポジション］で作成

　プロジェクトウィンドウの開いてるスペースを右クリックし、［新規コンポジション］をクリックして作成します。モーショングラフィックスなど、After Effects 内部で 0 からアニメーションを作っていく際は、この方法がポピュラーです。コンポジション設定パネルから、設定項目を 1 つずつ細かく設定できます。設定の詳細は、次のページで詳しく解説します。

新規コンポジション

■ B. 素材データをコンポジションマークへドラッグして作成

　この方法は実写素材を扱う際にオススメです。実写素材や動画ファイルにはタイムコード（→ p.66 参照）が埋め込まれています。この方法でコンポジションを作ると、素材データの解像度やコマ数などのパラメータを引き継いでコンポジションの作成ができます。そのため、タイムコードの管理をしながら作業したいときに管理がしやすくなります。

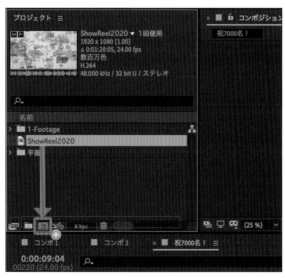

コンポジションマークへドラッグ

> **！ 注意 ！**
>
> 　Ｂの方法でコンポジションを作成するときに、「ピクセル縦横比」という項目を見落としがちです。特別な場合を除いて、「ピクセル縦横比」は「正方形ピクセル」にしてください。
> 　一部の海外の素材は、「ピクセル縦横比」が「1（正方形）」ではなく「0.9」になっていたりするので注意です。素材を右クリックして［フッテージを変換］からピクセル比率を「正方形ピクセル」に変更することができます。

コンポジションの設定

　プロジェクトパネルを右クリックしてコンポジションを作成すると、自動的にコンポジション設定パネルが立ち上がります。はじめのうちは、意味がわからなくても大丈夫です。少しずつ理解していきましょう。

コンポジション設定

① コンポジション名：slide_v01

基本　高度　3D レンダラー

プリセット：カスタム

② 幅：1920 px
　　　□ 縦横比を 16：9 (1.78) に固定
　高さ：1080 px

③ ピクセル縦横比：正方形ピクセル　　　　　フレーム縦横比：
　　　　　　　　　　　　　　　　　　　　16：9 (1.78)

④ フレームレート：23.976　∨　フレーム/秒　ノンドロップフレーム

⑤ 解像度：フル画質　　　　　　∨　1920 x 1080、7.9 MB (8bpcフレームあたり)

⑥ 開始タイムコード：0:00:00:00　= 0:00:00:00 ベース 24 ノンドロップ

⑦ デュレーション：0:00:05:00　= 0:00:05:00 ベース 24 ノンドロップ

⑧ 背景色：　　　　🖋　ブラック

☑ プレビュー　　　　　　　　　　　　　キャンセル　　OK

コンポジション設定パネル

❶ コンポジション名

コンポジションの名前を付けます。名前はあとから何回でも変更できます。「C_v01」や「Cut_v01」など、わかりやすくて規則性のある名前がベストです。

❷ 幅・高さ

コンポジションの解像度を指します。**画角**とも呼びます。画面の大きさはフル HD サイズが標準的です（→ p.64 参照）。

❸ ピクセル縦横比

基本的に、ピクセル縦横比は「正方形ピクセル」にしましょう。海外の素材や古い映像素材（NTSC）を扱う際は注意が必要です。

❹ フレームレート

1 秒間を何枚の静止画で表現するかを決めます。テレビの映像は 29.97 フレーム。映画やミュージックビデオは 23.976 フレームで作成するのが標準的です（→ p.64 参照）。

❺ 解像度

プレビュー画質のことです。ここは「フル画質」のままで OK です。コンポジションパネルの下に画質切り替えのスイッチがあるので、いつでも好きなタイミングでプレビュー画質の変更ができます。

❻ 開始タイムコード

コンポジションのスタート時間です。モーショングラフィックスを作成する際は、「0:00:00:00」でスタートさせて OK です。実写合成などタイムコードの管理が重要な場合はこちらで設定します。

❼ デュレーション

作成するコンポジション全体の秒数を決めます。前ページの画像では「5 秒」の長さに設定しています。作りたいアニメーションの長さに合わせて設定しましょう。

❽ 背景色

コンポジションの背景の色です。基本的にブラックで OK です。作成したい映像に合わせてグレーや白などにしましょう。

タイムラインパネルって何？

タイムラインパネルは、時間とパラメーターを紐付けてアニメーションの作成を行う場所です。レイヤー（→ p.93 参照）の上下関係、キーフレームアニメーション、レイヤーの表示／非表示などを管理・調整していきます。コンポジションパネルと同様、最も調整することの多いパネルです。

タイムラインは After Effects をはじめ、Premiere Pro など多くの映像編集ソフトで採用されている概念です。基本的に、インジケーターが左から右に進むと時間が進みます。

タイムラインパネルには、次のページでまとめたような要素があります。

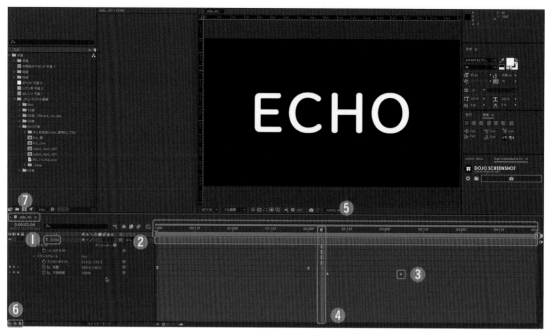

タイムラインパネル

❶ レイヤー名 / ソース名

素材（レイヤー）の名前です。変更もできるので、わかりやすい名前にリネームすることが大切です。レイヤー名 / ソース名をクリックすると、表示名を切り替えることができます。レイヤー名は自分がリネームした名前が、ソース名は変更前のオリジナルの素材名が表示されます。

❷ レイヤーバー

レイヤーの長さを表します。静止画素材の場合は、レイヤーバーの端をドラッグすることで長さを調節できます。動画素材などの場合、長さは映像素材の秒数に依存します。

❸ キーフレーム

レイヤーのパラメーターと時間軸を紐付ける役割をします。このキーレームとキーレームの間を After Effects に補間させることでアニメーションが作成できます（→ p.100 参照）。

❹ インジケーター

コンポジションパネルに表示している映像の現在時間を表します。Premiere Pro にも同様のバーがあります。

❺ ワークエリアバー

レンダリングのプレビューをする長さを調整します。後から長さを変更することが可能です。

❻ スイッチ / 転送制御（モード）/ デュレーション

レイヤーパネルに表示させるスイッチ等の切り替えを行います（→ p.131 参照）。基本的には初期設定のままで問題ありません。

❼ コンポジションタブ

タイムラインパネルは、コンポジションごとにタブで表示されます。タブを選択することで、スムーズにコンポジションを切り替えることができます。

4-2 レイヤー

レイヤーって何？

　After Effects では、さまざまな素材の読み込みや、図形・テキストの作成を行います。そして、プロジェクトパネルにあるこれらの素材を、タイムラインパネルに配置して編集作業を進めていきます。

　タイムラインパネルに配置された素材は**レイヤー**と呼ばれ、コンポジションを構成する要素になります。レイヤーは「階層」という意味です。After Effects のレイヤーの機能は、基本的に Photoshop のレイヤーと同じ考え方で使用できます。

　タイムラインパネルでは、写真を重ねるようにフッテージを階層で管理します。レイヤーの重なり順を変えると、コンポジションパネルに表示される画も変化します。

タイムラインパネル

上から覗いている
イメージ

イメージ

完成図

レイヤーの作り方

　After Effects で扱うレイヤーは、読み込んだ素材に基づくレイヤーや、特殊な機能を使用するためのレイヤーなど多岐にわたります。これらを使い分けて映像を作成していきます。

　タイムラインパネルの左側のレイヤーパネルの空白部分を右クリックすると、コンテキストメニューが現れます。そこから［新規］をクリックすれば、平面レイヤーやテキストレイヤーなど各種レイヤーを作成することができます。

　また、レイヤーの作成は、上部メニューの［レイヤー］→［新規］でも可能です。

　タイムラインパネルでのレイヤー操作方法は、Photoshop のレイヤー操作とほぼ同じです。レイヤーの順序は、Photoshop のレイヤー機能と同様に、ドラッグ＆ドロップで変更できます。同じ素材を使用していても、素材を重ねる順番によって最終的な映像の仕上がりが変わります。

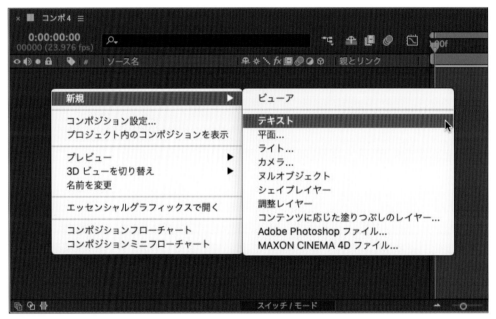

タイムラインパネルでレイヤーを作成

コンポジションで作成できるレイヤーの一覧

　コンポジションで作成できるレイヤーには次のようなものがあります。

テキストレイヤー
ショートカット［⌘＋ Option ＋ Shift ＋ T］

　文字を入力するために使います（→ p.96 参照）。

平面レイヤー
ショートカット［⌘＋ Y］

　色付きのレイヤーです。かなり使用頻度が高く、平面レイヤーをペンツールで切って作図したり、平面レイヤーに対してエフェクトを重ねて映像を作成したりできます（→ p.96 参照）。

ライトレイヤー
ショートカット［⌘ + Option + Shift + L］

3D レイヤー（→ p.188 参照）に対してライトを当てることができます。2D レイヤーには影響しません。カラフルなライトにしたり、光の強さを変えることも可能です。3D レイヤーと組み合わせて使うことで、立体的な画作りをすることができます（→ p.195 参照）。

カメラレイヤー
ショートカット［⌘ + Option + Shift + C］

3D レイヤーを撮影することができます。カメラアニメーションとも呼びます。最初は難しいと感じるかもしれませんが、使いこなせるようになると「これぞ After Effects ！」といったダイナミックな映像を簡単に作ることができます。現実のカメラと同様、絞りやレンズのミリ数の設定が可能なので、一眼レフカメラなどを使ったことがある方はさらに楽しめると思います（→ p.190 参照）。

ヌルオブジェクトレイヤー
ショートカット［⌘ + Option + Shift + Y］

ヌルオブジェクト自体は映像に映らないので、最初は「何に使うの？」と思われるかもしれませんが、After Effects とは切っても切れない影の立役者です。複数のレイヤーを親子付けしてまとめてコントロールしたり、エクスプレッションと組み合わせたりと、さまざまな用途で使えます（→ p.240 参照）。

シェイプレイヤー
※ショートカットなし

丸や四角をはじめ、さまざまな形のオブジェが作れます。また「コンテンツ」という独自のパラメーターを内包していて、オブジェを複製したり、パスをギザギザにする効果などがあります。モーショングラフィックスで使うことが多いレイヤーです（→ p.204 参照）。

調整レイヤー
ショートカット［⌘ + Option + Y］

画面全体にエフェクトを適用するために使用するレイヤーです。Instagram のフィルターのようなイメージで、下の階層にある素材すべてにエフェクトの効果を与えることができます。画面全体を光らせたり、画面全体の色味の調整（カラーコレクション）をする際などに使用します（→ p.203 参照）。

その他

「コンテンツに応じた塗りつぶしのレイヤー」「Adobe Photoshop ファイル」「MAXON CINEMA 4D ファイル」などもありますが、この項目に関してはビギナーのうちはあまり使用頻度が高くないので、本書では割愛します。

チュートリアル動画で使用したレイヤーの解説

チュートリアル動画で使用したテキストレイヤーと平面レイヤーについて少し詳しく解説します。

テキストレイヤー

テキストレイヤーは、Photoshop でもお馴染みの、テキスト要素を追加するためのレイヤーです。文字を入力し、フォントやサイズ、色などを調整することで、さまざまな場面で使用できます。

テキストは段落パネルや文字パネルなどで細かく調整することができます。

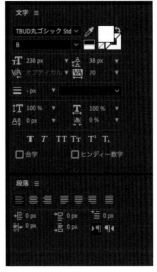

タイムラインパネルでの見え方

文字パネルと段落パネル

平面レイヤー

平面レイヤーを作成すると単色の平面が作成され、平面設定ウィンドウでレイヤーの名前、サイズ、カラーなどを設定できます。初期設定ではコンポジションと同じサイズで作成されますが、必要に応じてサイズを変更できます。平面レイヤーにマスクを追加してシルエットを型取ったり、ブラックの平面レイヤーに対して、エフェクトを重ねて映像を生成していくことも可能です。

タイムラインパネルでの見え方

平面設定ウィンドウ

4-3 レイヤープロパティ

レイヤープロパティって何？

レイヤーには**レイヤープロパティ**という、さまざまな設定項目があります。代表的なものは**トランスフォーム**です。さらにトランスフォームの中には、アンカーポイント、位置、スケール、回転、不透明度などのパラメーターがあります。

トランスフォームの［>］ボタンをクリックすると各プロパティの詳細が表示され、ここに値を入力することができます。この値にキーフレームを打っていくことで、アニメーションを作ることが可能です。プロパティには、ショートカットキーを使って即座にアクセスすることができます。

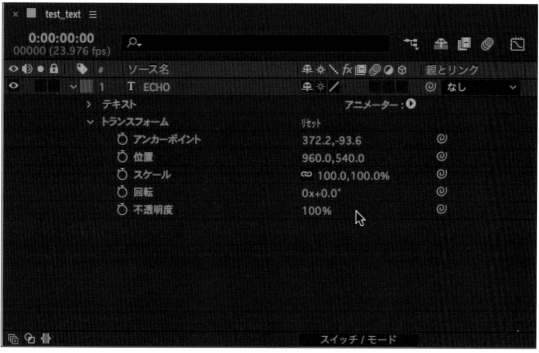

レイヤープロパティ

トランスフォームのショートカット

トランスフォームはレイヤープロパティの最も基本的なものです。アンカーポイント、位置、スケール、回転、不透明度の5つのパラメーターがあります。ショートカットキーを積極的に活用して時短をしましょう。

①アンカーポイント（Anchor Point）　ショートカット［A］

　レイヤーの中心点になるポイントです。このポイントを起点に移動や回転などを行います。通常はレイヤーの中央に配置されていますが、アンカーポイントツールやアンカームーブ系スクリプトでアンカーポイントの位置を変更することもできます。

②位置（Position）　ショートカット［P］

　レイヤーの位置を決めるプロパティです。「X,Y」で表示されます（→ p.99 参照）。この数値を変更することで、レイヤーが移動します。

③スケール（Scale）　ショートカット［S］

　スケールはレイヤーの大きさを決めるプロパティです。初期値は100%です。この数値を変化させることでレイヤーが拡大／縮小します。

④回転（Rotation）　ショートカット［R］

　レイヤーの角度を決めるプロパティです。初期値は0°です。この数値を変化させることでレイヤーが回転します。回転が360°（1回転）を超えると、左側の数値が1、2、3と増えて回転数を表します。

⑤不透明度（Transparency）　ショートカット［T］

　レイヤーの不透明度を決めるプロパティです。初期値は100%で0%にすると透明になります。

魔法の呪文「APSRT」

位置（座標）って何？

コンポジションには**座標**があります。レイヤープロパティのトランスフォームの「位置」は、コンポジション上の座標を示しています。

標準的な映像の解像度であるフル HD サイズ（1920 × 1080）では、下図のイメージで座標が割り振られています。

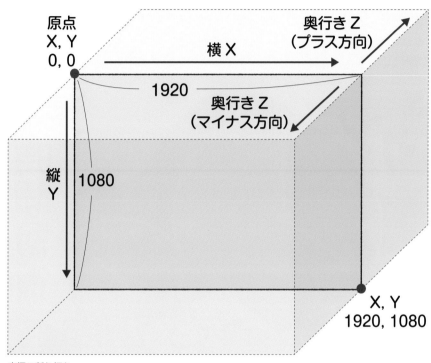

座標の割り振り

上の図でもわかるように、横の軸が X 軸、縦の軸が Y 軸です。画面の左上が原点の「0,0」で、右下が「1920,1080」となります。

さらにコンポジションは、3D 空間を持っているため、奥行きを表現する Z 軸もあります。Z 軸は奥がプラス方向、手前がマイナス方向です。第 7 章で説明しますが、Z 軸を使ってレイヤーに前後関係をつけると、簡単に遠近感のあるアニメーションが作れます（→ p.188 参照）。

💡 🎀 **マメ知識　レイヤーの「位置」について**

　レイヤーの「位置」のパラメーターは、そのレイヤーのアンカーポイントが中心になっています。フル HD サイズの画面いっぱいの平面レイヤーを作成すると、平面レイヤーの中心点にアンカーポイントが付くので、位置が「960,540」になります。

4-4 アニメーション・アンカーポイント

アニメーションって何？

　アニメーションと聞くと、テレビアニメを連想する方も多いと思いますが、映像作品中で物体の動きを示す言葉としても使われます。**モーション**と呼ぶことも増えてきました。

　物体の運動は時間と密接に関係しています。時間が停止している状態では物体は静止したままです。時間が流れることによってはじめて物体にアニメーションが生まれます。

キーフレームアニメーションって何？

　キーフレームアニメーションとは、レイヤープロパティに入力された値を、キーフレームを使って時間と結びつけていくアニメーション方式です。2カ所以上のキーフレームを入力すると、そのキーフレームとキーフレームの間を、After Effects が自動的に補間してアニメーションが発生します。これは After Effects に限らず、他の映像制作ソフトでも使用する基本的なアニメーション方法です。

　次の図は、丸いシェイプレイヤーを、キーフレームアニメーションを使って左から右へスライドさせている様子です。レイヤープロパティの「位置」には、2か所にキーフレームがあります。その間をAfter Effects が補間して移動のアニメーションになりました。移動したあとは次のキーフレームがないため、ゴール位置で停止します。

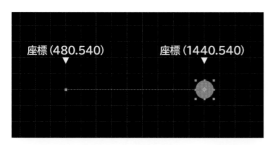

座標（480.540）　　　　座標（1440.540）

キーフレームアニメーション①

キーフレームアニメーション②

タイムラインを使ったキーフレームの入力

　After Effects には、レイヤープロパティなどさまざまなところにストップウォッチボタンがあります。このボタンをクリックして、キーフレームを入力します。これでプロパティの数値をタイムラインに記録していくことができます。時間と位置を結びつけることで、動きが生まれています。

　ストップウォッチボタンはオンにすると青になり、タイムラインのインジケーターが置かれた箇所にキーフレームが入力されます。キーフレームの入力のことを「キーを打つ」と呼ぶこともあります。

キーフレームの入力

◧ キーフレームの自動入力

ストップウォッチボタンがオンになるとパラメーターを変更するたび自動でキーフレームが入力されます。すでにキーフレームがある箇所で数値を変更すると数値が上書きされます。

◧ キーフレームの間隔を調整してアニメーションを変える

入力したキーフレームは、選択ツール（→ p.46 参照）でドラッグして移動できます。キーフレーム同士の間隔を狭めればアニメーションは速くなります。逆に間隔を広げればアニメーションはゆっくりになります。

またキーフレームの位置を逆にすることで、アニメーションを反転することもできます。

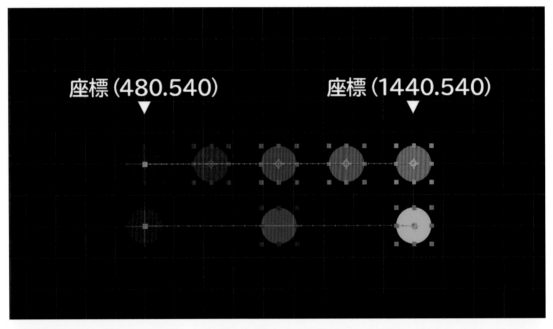

キーフレームの調整

アンカーポイントって何？

　After Effects でアニメーションを作るとき、アニメーションの軸になるのが**アンカーポイント**です。どこを軸として動かすかによって、同じ数値でもアニメーションの結果が変わります。

　アンカーポイントは各レイヤーに１つずつあり、初期設定ではレイヤーの真ん中にあります。レイヤーを選択すると、アンカーポイントを示すターゲットマークが出てくるのが確認できるはずです。またレイヤーの「位置」プロパティは、アンカーポイントの位置を指します。

アンカーポイントはレイヤーを選択すると表示される

アンカーポイントの位置とアニメーション

　次の図は、同じ数値でスケールアニメーションをしたものです。左の図はアンカーポイントが真ん中にあるので、テキストレイヤーの中央を軸にポップアップしています。右の図は、アンカーポイントがテキストレイヤーの左上にあるので、左上を軸にポップアップしています。

　このように、同じ数値のアニメーションでも、アンカーポイントの場所によってアニメーションの見た目が大きく変わります。特に、回転やスケールのアニメーションを付けるときに、その効果を感じやすいでしょう。

アンカーポイントが真ん中

アンカーポイントが左上

アンカーポイントの位置の変更

　アンカーポイントの位置は、画面左上のツールバーの中にある「アンカーポイントツール」で変更することができます。

アンカーポイントツール

4-5 アニメーション作成のポイント

キーフレームをコピー＆ペースト

　キーフレームはコピー＆ペーストできます。レイヤーを動かして元の位置に戻るときや、バネのように跳ねるアニメーションなどで同じ数値を繰り返す際に便利です。キーフレームを選択して［⌘＋C］でコピーできたら、タイムラインのインジケーターをずらして［⌘＋V］でペーストしてみましょう。複数のキーフレームを同時にコピー＆ペーストすることも可能です。

キーフレームをコピー

キーフレームをペースト

キーフレームを一括表示

　入力したキーフレームだけを表示するショートカット［U］も絶対に覚えておいてください。レイヤーを選択した状態で［U］を押すと、そのレイヤーに入力されたキーフレームがすべて表示されるので大変便利です。また、レイヤーを選択せずに［U］を押した場合は、タイムラインパネルにあるすべてのレイヤーのすべてのキーフレームが表示されます。どこにキーフレームを打ったかわからないときにも便利です。

キーフレームを一括表示

複数のキーフレームを伸縮

複数のキーフレームを選択した状態で、[Option（Alt）] キーを押しながらドラッグすると、アニメーション全体をゴムのように伸縮することができます。アニメーションのスピード感を調整する場合に便利です。

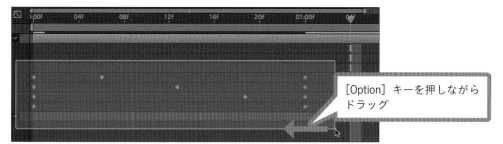

［Option］キーを押しながら
ドラッグ

複数のキーフレームを選択

アニメーションを縮めた結果

細かい作業はタイムラインを拡大

タイムライン下部のスライダーをドラッグして左右に動かすことで、タイムラインの拡大／縮小を行うことができます。

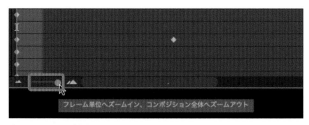

タイムラインの拡大

アニメーション後にストップウォッチをオフにしない

すでにキーフレームが入力された状態でストップウォッチボタンをクリック（オフ）してしまうと、そのパラメーターのキーフレームがすべてオフ（削除）されてしまうので注意しましょう。間違って押しても、すぐに [⌘＋Z] で巻き戻れますので安心してください。

レイヤープロパティにたくさんキーフレームが打たれている

レイヤープロパティのキーフレームがなくなっている

再生して確認を忘れずに

　アニメーションを作成したら、必ず［Space］キーで再生して動きを
チェックしましょう。インジケーターを送って確認している方もいま
すが、それでは動きの正確なチェックにはなりません。処理が重たい
場合は、コンポジションの解像度を「フル画質」から「1/4 画質」な
どに変更することでスムーズに確認できます。

コンポジションの解像度を変更

Column　アニメーションはゴールから作っていくとスムーズ

　アニメーションの制作は、次の順番で考えるとスムーズに進みます。最終的にはキーフレーム
が 2 つ以上あればアニメーションが生まれるので、必ずしもスタートから作る必要はないので
す。このような発想の転換が大切です。

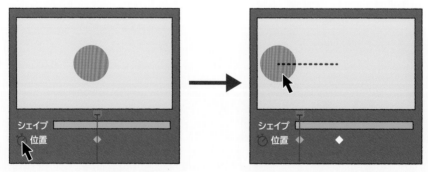

①インジケーターを後ろに動かして、
　先にゴールを決める

②インジケーターを手前に戻して、
　スタート位置を決める

4-6 モーションパス・イージング

モーションパスって何？

アニメーションしたレイヤーを選択すると、**モーションパス**と呼ばれる位置情報の軌跡が表示されます。これを注意深く見ると、モーションパスの上に小さい点があることがわかります。これはキーフレームごとの位置を示していて、この点の密集具合でスピードを読み取ることができます。点の間隔が狭い場合は動きが遅く、逆に点の間隔が広いと動きが速いことを示しています。

次の画像の状態は、すべての点が等間隔であることから、一定のスピードで動いていることがわかります。また、この一定スピードのアニメーションのことを**リニア**（直線）と呼びます（→ p.110 参照）。

> **⚠ 注意！**
>
> モーションパスが表示されていない場合は、上部のメニューの［ビュー］→［表示オプション］から、「モーションパス」にチェックを入れて表示させてください。

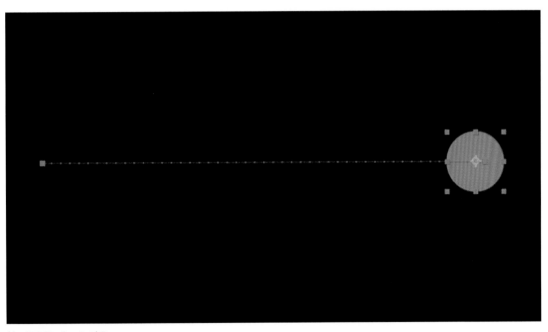

リニアのモーションパス

 マメ知識　「キーフレームはなるべく少なく」がポイント

アニメーションづくりをする上では、なるべく少ないキーフレームで表現することを意識するとよいでしょう。なぜかというと、キーフレームをいたずらに増やしてしまうと、アニメーションを修正する際に数値を書き換える箇所が多くなり、時間がかかってしまうからです。

アニメーションの作成はトライ＆エラーの繰り返しです。ビギナーのうちは難しいかもしれませんが、修正しやすいデータの作成を心がけていると、最終的なアニメーションの仕上がりが良くなります。

モーションパスのハンドルで動きを曲げる

　ペンツール（→ p.46 参照）を使うとモーションパスにハンドルが生まれて、自在に軌跡を曲げることができます。この機能を使うと少ないキーフレームでも、うねるような複雑な動きのアニメーションが可能になります。

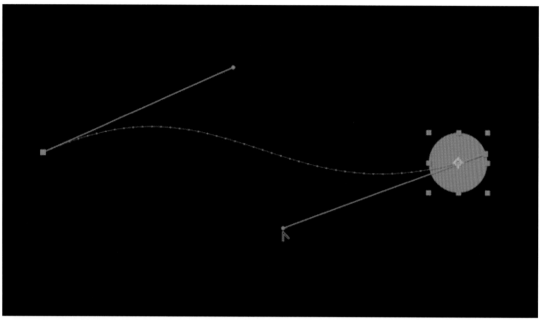

ハンドルで動きを曲げる

イージングって何？

　すでにご説明したように、キーフレームアニメーションとは、フレーム間の動きをソフトウェアに補間させて行うアニメーションのことです（→ p.100 参照）。実はこのとき、キーフレームを補間する方法には、いくつかの種類があります。

　まったく同じ数値が入力されたキーフレームアニメーションでも、補間の方法によって動きに緩急（メリハリ）が付いてアニメーションの見た目が変わります。速度に緩急を付けることを**イージング**（Easing）と呼びます。イージングをかけるとキーフレームの形が変化します。

　イージングの違いを覚えると、アニメーションの見た目が一気にレベルアップします。ダイナミックな動きのモーショングラフィックスや、ボールが跳ねる様子、風の中を舞う花びらなど、リアルな物体の動きを再現することができるようになります。

イージングの設定方法

イージングは、キーフレームを選択して右クリックし、コンテキストメニューの［キーフレーム補助］から変更することができます。よく使う機能なので、ショートカットキーの［F9］もあわせて覚えておくと便利です。

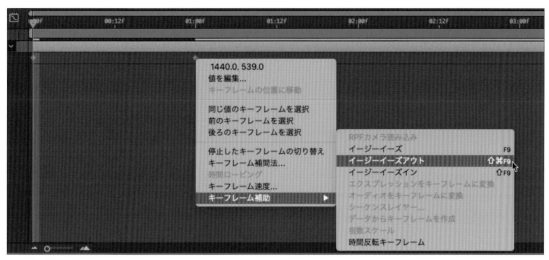

イージングの設定

イージングの種類は大きく分けて 2 つ

イージングは、**リニア**と**ベジェ**の 2 つに大きく分けることができます。リニアは直線的な動き、ベジェは強弱の付いた動きのことを指します。

他にも種類はありますが、ここではビギナーに必要なイージングの 4 つに絞って紹介します。特に最初のうちは、「リニア」と「イージーイーズ」だけを覚えておけば問題ないでしょう。

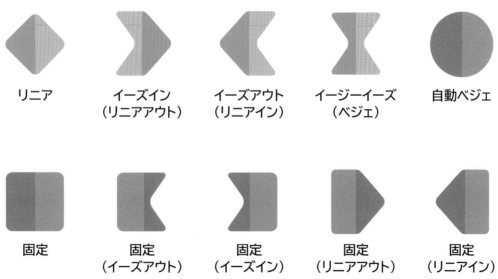

イージングの種類

リニア

リニア

リニアは、キーフレームの初期設定です。直線という意味で、キーフレーム間の変化を常に一定にする補間方法です。キーフレームの形は「◇」であることが確認できます。

モーションパスの点を確認すると、一定の間隔になっていることがわかります。

リニアのキーフレーム

モーションパスの点は一定

リニアのモーションパス

イージーイーズ

イージーイーズ
（ベジェ）

イージーイーズは、動き出しがゆっくり、中間が速く、最後もゆっくりになる補間法です。動きにメリハリが出てくるので、ビギナーのうちはこれを使えるだけでも十分滑らかなアニメーションを作れるようになります。

「◇」のキーフレームをすべて選択して［F9］を押せば、リニアからイージーイーズへ切り替えることができます。キーフレームの表示は砂時計型に変わります。

モーションパスの点を確認すると、始まりと終わりの間隔が狭くなっています。

イージーイーズのキーフレーム

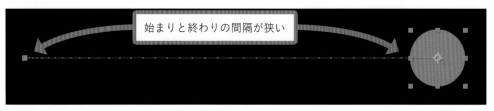

始まりと終わりの間隔が狭い

イージーイーズのモーションパス

イーズイン

イーズインは、一定の速度から終わりにかけて徐々に減速させる補間方法です。ショートカットは［Shift + F9］です。キーフレームの表示は、「◇」から「>」に変わります。

イーズイン
（リニアアウト）

イーズインのキーフレーム

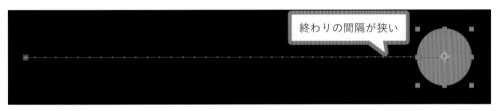

イーズインのモーションパス

イーズアウト

イーズアウトは、動き出しで一定の速度まで徐々に加速させる補間方法です。ショートカットは［⌘＋ Shift + F9］です。キーフレームの表示は、「◇」から「<」に変わります。

イーズアウト
（リニアイン）

イーズアウトのキーフレーム

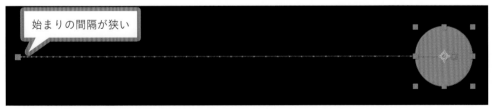

イーズアウトのモーションパス

キーフレームによる補間方法の違い

最後に、本書で紹介した4種類の補間方法の違いを図にまとめます。

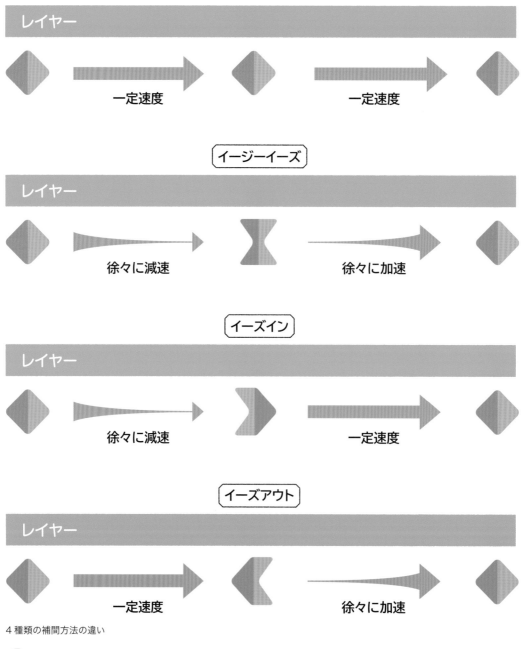

4種類の補間方法の違い

💡 **マメ知識　キーフレームを初期設定のリニアに戻す方法**

キーフレームを初期設定のリニアに戻したいときは、[⌘] キーを押しながらキーフレームをクリックします。また、複数のキーフレームをドラッグで選択した後、同様の作業で一気に複数のキーフレームをリニアに戻すことができます。

4-7 グラフエディター

グラフエディターって何？

グラフエディターとは、アニメーションの数値の変化を、ビジュアルとしてわかりやすく確認するための機能です。キーフレームアニメーションに慣れてきたら挑戦してみましょう。グラフエディターを使いこなすと、動きにさらにメリハリが付き、After Effects ならではのきれいなアニメーションを作ることが可能になります。

下の図は、グラフエディターを使っている様子です。このように、グラフエディターに表示されたアニメーションを表現した曲線のことを、**アニメーションカーブ**と呼びます。アニメーションカーブには、ペンツールでアニメーションを曲げたときと同じく（→ p.108 参照）、各キーフレームにハンドルが付いています。このハンドルの角度や曲線の滑らかさを調整することで、キーフレームの表示のみでは実現できないアニメーションの新たな境地へ辿り着けます。ゆっくりじっくり慣れていきましょう。

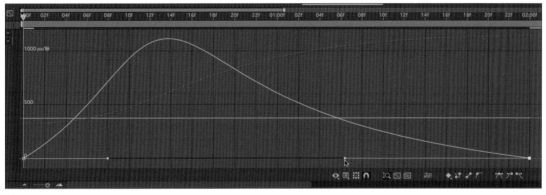

グラフエディター

Column 気持ちのよい動きを表現するにはマテリアルデザインを学ぼう！

マテリアルデザイン（Material Design）は、Google が提唱したデザインシステムの総称です。カバーしているデザインの範囲は色味や質感、モーションなど多岐にわたり、マテリアルデザインを学ぶことは昨今のモーションデザイナーには必須条件になりつつあります。

アニメーションの探求に興味がある方は「マテリアルデザイン」や「ユーザーインターフェイス」というキーワードで調べてみることをオススメします。

参考動画：「Material design」（https://youtu.be/Q8TXgCzxEnw）

グラフエディターの表示方法

グラフエディターを表示させるには、次のように操作します。

①調整したいプロパティを選択（今回は「位置」）
②タイムラインパネル右上のグラフエディターアイコンをクリック

これにより、「位置」のプロパティのキーフレームの間の動きが、グラフとして表示されます。

グラフエディターの表示方法

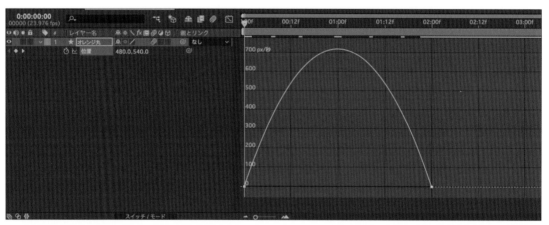

グラフエディターが表示される

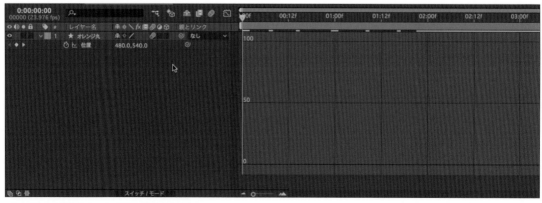

プロパティを選択しないとグラフが表示されない

グラフの種類

グラフエディターのグラフには、大きく分けて「値グラフ」と「速度グラフ」の2種類があり、さらにそれを比較表示するための「参照グラフ」があります。「値グラフ」と「速度グラフ」は、数値の変化を「値」と「速度」という別の視点で表現したものです。

グラフの切り替えは、次の手順で行うことができます。

①グラフエディター下部にある［グラフの種類とオプションを選択］をクリック
②メニューの中から［値グラフを編集］か［速度グラフを編集］を選択する

グラフの種類とオプションを選択

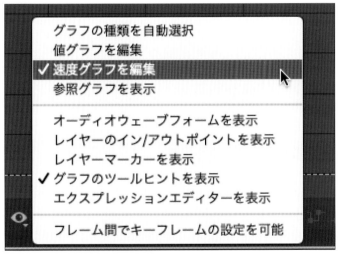

グラフの選択

ビギナーのうちは「速度グラフ」の方が使いやすいと思いますが、プロパティによっては「値グラフ」の方が調整しやすい場合もあります。どちらかが正解ということではなく、グラフの使い分けが大切です。

次ページ以降では、各グラフの使い方、メリット・デメリットをご紹介していきます。

◾ 速度グラフ

　速度グラフでは、アニメーションスピードの表示と調整ができます。グラフの縦軸がスピードの変化を示し、横軸は時間の経過を表します。グラフが水平の状態は、スピードが一定であることを示しています。

　レイヤーの「位置」プロパティを選択した状態で、［グラフの種類とオプションを選択］→［速度グラフを編集］を選択すると使用することができます。

　下の右側の画像は、速度グラフのハンドルを使ってアニメーションカーブを調整している様子です。

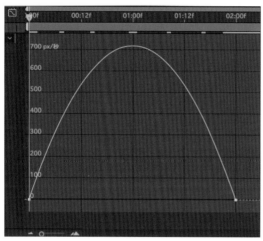

速度グラフ　　　　　　　　　　　　　　　　　　　ハンドルでアニメーションカーブを調整

メリットと使い所

・キーフレームが2点のアニメーションを単純に加速／減速させたいときに便利

・モーションパスでハンドルを扱うことができる

・どの数値でも速度グラフに置き換えて表示されるため、グラフの表示が統一される
（そのため同時に2つのパラメーターを調整するときに便利）

デメリット

・アニメーションが3点以上になるとグラフが見づらく調整しにくい

・カーブを調整するハンドルは横にしか引っ張れない（かなりの曲者）

・速度グラフ表示は After Effects 独自のものなので、調整スキルを他の映像制作ソフトで生かしにくい

値グラフ

値グラフは、レイヤーのプロパティの、値の変化を示したグラフです。赤いグラフが位置の X を示し、緑のグラフが位置の Y を示しています。

レイヤーの「位置」プロパティを選択した状態で［グラフの種類とオプションを選択］→［値グラフを編集］を選択して使用します。

下の例では、レイヤーが左から右に移動するアニメーションが付いています。横の動きは位置の X の値の増減なので、時間が進むにつれ赤いグラフが右上がりに増えていくことがわかります。今回は縦の動きはしていないので、位置の Y の値は変化せず緑のグラフは真横に伸びています。

なお、位置のプロパティを値グラフで調整したい場合は次元分割（→ p.118 参照）が必要です。

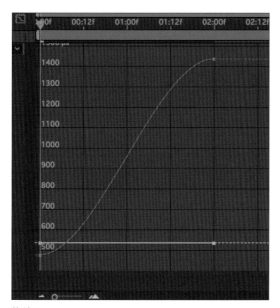

値グラフ

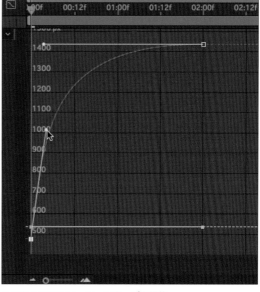

ハンドルでアニメーションカーブを調整

メリットと使い所

・構造がシンプルなため、複数のキーフレームでも正確にコントロールできる

・カーブを調整するハンドルを上下左右、さまざまな方向へ調整できる

・広く浸透している表示方式のため、調整スキルを他の映像制作ソフトでも生かせる

デメリット

・使用頻度の高い「位置」のプロパティに使う際は「次元分割」が必要のため手間がかかる

・次元分割の副作用で、モーションパスをペンツールで調整できなくなる
　（動きの軌道を調整したいときはモーションパスを使ったほうが簡単なので悩ましい）

・グラフ自体の見た目が数値によって大きく変わるため、ビギナーのうちは混乱しやすい
　（数値を正確にグラフ化していることの裏返しであり、慣れの問題ともいえる）

・グラフの表示が正確なあまり、同時に異なるパラメーターを調整する際に緩急を合わせにくい

参照グラフ

参照グラフは、速度グラフと値グラフを比較しながら作業したいときに使用します。あまり使用頻度は高くありません。

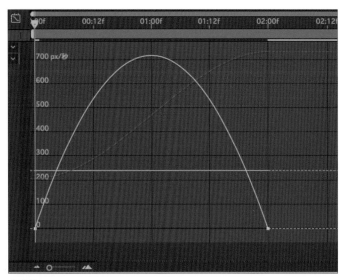

参照グラフ

次元分割って何?

次元分割とは、位置プロパティをX・Y・Zに分割する機能です。先ほど紹介した値グラフと次元分割は、切っても切れない関係にあります。

通常、位置のプロパティは、「X, Y (, Z)」の情報が1つのパラメーターで管理されています。しかし、値グラフを使用してアニメーションカーブを調整する際には、X・Y・Zのそれぞれを個別のパラメーターとして扱う必要があります。その際に次元分割を使用すると、X・Y・Zを独立してコントロールできるので、アニメーションを繊細に調整したい場合などに役立ちます。

ただし、モーションパスを使ってアニメーションの軌道を直感的にコントロールすることができなくなるので、使用する際は注意が必要です。

次元分割の手順

位置のパラメーターを次元分割し、値グラフでアニメーションさせる場合を例に、次元分割の手順を紹介します。

> ①グラフエディター下部にある[次元に分割]ボタンをクリック
>   (位置プロパティを右クリックし、[次元に分割]でも可)
> ②次元を分割すると、レイヤーのプロパティもXとYが独立する
> ③再度アニメーションを調整する

この際、アニメーションしていないパラメーターはキーフレームを削除してしまった方が、アニメーションの管理がスマートになります。

① ［次元に分割］ボタンをクリック

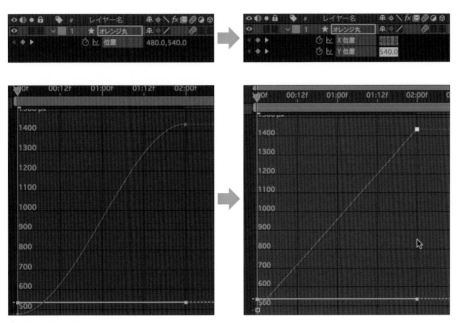

② X と Y が独立

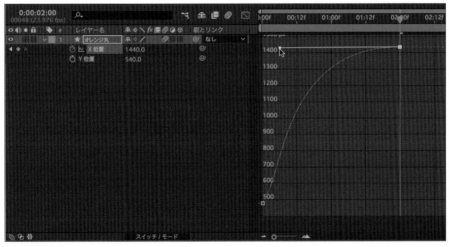

③ 再度アニメーションを調整

! 注意！

　事前にアニメーションカーブを調整してから次元分割した場合、次元を分割したタイミングでリニアのアニメーションにリセットされるので注意が必要です。

4-8 テキスト・フォント

テキストって何？

　映像制作において静止画、動画、音といった素材と同じくらい重要になるのが**テキスト**（文字）です。広告や雑誌、テレビ番組のテロップ、映画のタイトルシーケンスの他、最近ではリリックビデオなど、テキストを使ったビジュアル表現はいたるところに溢れています。文字を単純に並べただけのものではなく、さまざまな創意工夫が行われ、デザインされています。

　ここでは重要な要素であるテキストをキレイに整える方法をご紹介します。

文字組みって何？

　文字組みとは、文字をキレイに整えることを指します。これが上手くいかないと、映像全体の質が低く見えてしまうので、文字組みはビギナー脱出の鍵とも言えます。

　文字組みを考える上でまず意識したいのは、字間（カーニング）・行間・行長の3つです。ざっくりとでよいので、下の図を参考にポイントを覚えておきましょう。

字間・行間・行長

・字間

　文字と文字の間のスペースのことです。文字が遠すぎたり近すぎたりすると読みにくくなってしまいます。文字の大きさの5〜10%くらいがちょうどよいスペースです。

・行間

　行と行の間のスペースのことです。詰まりすぎると読みにくくなります。文字の大きさの50〜70%程度がちょうどよいスペースです。

・行長

　1行の長さを指します。映像編集の場合は、長くても画面の80〜90%には収まる長さにしておきましょう。

文字がキレイに見えるコツ

文字組みは奥が深いので、一概に「こうしたらいい！」とは言えないのですが、ビギナーでもすぐに改善できる点を3つ紹介します。

・字間を整える

文字と文字のスペース（カーニング）は、入力したままの状態ではスペースがバラバラになってしまいます。字間にカーソルを合わせて、[Option（Alt）＋←（→）]で、文字詰めをしましょう。句読点やビックリマークの間も詰めるとキレイに見えてきます。

そう、これが「力」なのだよ。

▼

そう、これが「力」なのだよ。

字間の調整

・段落が分かれているものは箱組にする

段落で左右の幅がズレているとバランスが悪く見えてしまいます。文字の大きさや字間を調整して、左右の幅をそろえるとスッキリ見えます。これを**箱組**（はこぐみ）と呼びます。

圧倒的な「力」というものを
君は欲しくはないのか？

▼

圧倒的な「力」というものを
君は欲しくはないのか？

箱組

・大きさのメリハリを付ける

文字の大きさに強弱があると文章にリズム感が生まれ、読みやすくなります。ただし、極端にメリハリを付けるとかえって逆効果なので、注意が必要です。強調したいところはどこなのかを意識して強弱を考えてみましょう。

この瞬間を楽しもう!

▼

この瞬間を楽しもう!

メリハリを付ける

フォントって何？

　フォントとは、書体（デザインされた文字）のことです。和文フォントと欧文フォントがあり、代表的なものとしては、明朝体やゴシック体などがあります。フォントの種類が変わるだけで、文字から伝わる印象も大きく変わるので、映像編集でも非常に重要な要素です。

明朝体
ゴシック体
丸ゴシック体
デザイン体

さまざまなフォント

Adobe Fonts の使い方

　Adobe Fonts は、アドビ社が提供しているフォントサービスです。検索エンジンで「Adobe Fonts」と検索し、Adobe Fonts のサイトにアクセスしてみましょう。このとき、Adobe のサイト上でのログインがまだの場合は、ログインをお願いします。

　Adobe Fonts は、アカウント情報に紐付いて管理されます。検索ボックスからフォントの絞り込みもできます。

「Adobe Fonts」（https://fonts.adobe.com/）

■ インストールするフォントを選択

　今回のチュートリアル動画では「TBUD 丸ゴシック Std」というフォントを使用しましたが、2021年9月をもって配布が終了してしまいました。そこで、似たフォントの「VDL V7 丸ゴシック B」をインストールしておきましょう。検索名に「VDL V7 丸ゴシック」と入力すると、フォントが絞り込まれて表示されます。

　フォントをインストールするには、フォント名の隣にある［アクティベート］ボタンをクリックします。ボタンが青くなればインストール完了です。これで、After Effects の他、Photoshop や Illustrator などの Adobe アプリに自動的にフォントが追加されます。

フォントのインストール

■ フォントの解除

　フォントの解除などは、Adobe Fonts のサイト上でも行えますが、Creative Cloud のランチャーからも管理できます。

①Creative Cloud を立ち上げて、［アプリ］タブの［フォントを管理］を選択
②「アクティブなフォント」からフォントをディアクティベート（解除）する

フォントの解除①

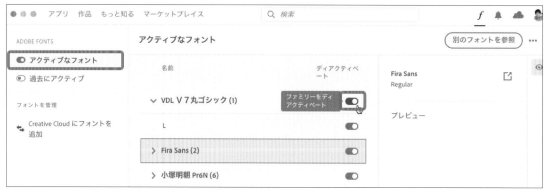

フォントの解除②

「お気に入りフォント」の登録で時短！

　下の画像は、After Effects でフォントをお気に入り登録している様子です。フォント名の左にある［★］をクリックすると、青くハイライトされてお気に入り登録ができます。

　登録したら、上部にある「フィルター」項目の［★］をクリックしてみましょう。すると、お気に入り登録しているフォントを絞り込み表示できます。

　フォントは増えていくと探しにくくなりがちです。お気に入りボタンを上手に使って効率化していきましょう。

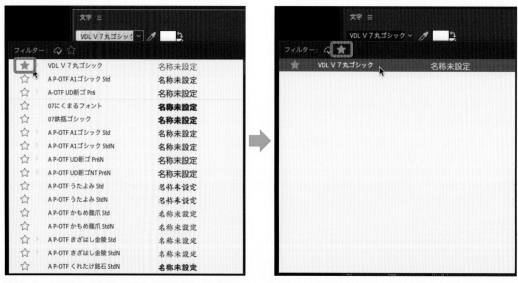

お気に入りフォントの登録・絞り込み

第4章まとめ

　第4章お疲れ様でした！　知らない単語がたくさん出てきて大変だったかと思いますが、映像制作においてとても重要なポイントがぎっしり詰まっている章です。動画と合わせて何度か読み返していただければ幸いです。

　一見複雑そうに見える映像でも、実は簡単なテクニックの「組み合わせ」で作られていることがよくあります。つまり映像編集は、「掛け算」に似ているということです。しっかりと基本を押さえていれば、難しそうな映像をみても「あ！　あれとあれを組み合わせたら作れそう！」と思いつくことができるようになるはずです。「映像は組み合わせ」を念頭におきながら、焦らずに進んでいきましょう。

▶ アレンジに挑戦！

　チュートリアル通り作れるようになったら、次は自分なりにアレンジしてオリジナルの作品を作ってみましょう。それが一番の練習になります！

　アレンジ作品を作ったら、「＃サンゼAE」を付けてツイートしてくれたら、サンゼが「いいね」を押しにいきます！　投稿してくださった作品は、まとめてサンゼのツイッターアカウントで紹介します！

アレンジのヒント

・書体を変えてみる

・回転とスケールでアニメーションしてみる

・イージングでふわっとした動きにしてみる

映像は組み合わせ！

第 5 章

完成した素材を書き出して Premiere Proと連携させよう！

この章で学べること

今回の章ではモーションブラーの使用方法と、作成したアニメーションの書き出しの方法、さらに Premiere Pro でのテロップののせ方について紹介していきます！

完成した素材を書き出して Premiere Pro と連携させよう！

Chapter Sheet

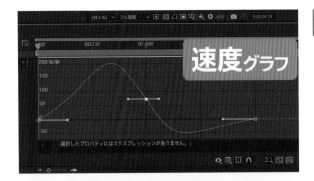

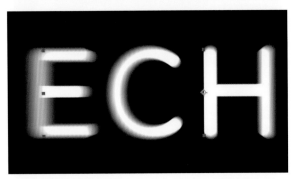

ポップアップアニメをレベルアップ

- コンポジションを複製
- キーフレームを追加
- 複数キーフレームを伸縮させる

- モーションブラーを付ける

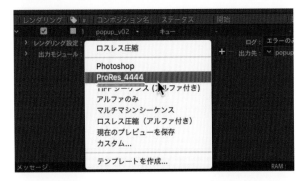

動画を書き出す

- レンダーキューの設定
- 出力モジュールで ProRes を作る
- ProRes4444 アルファなしの設定
- ProRes4444 アルファありの設定

- 書き出した動画を確認する
- データを整理する

Premiere Pro と連携

- Premiere Pro のプロジェクトを
  立ち上げる
- HD23.976 のシーケンスを使用する

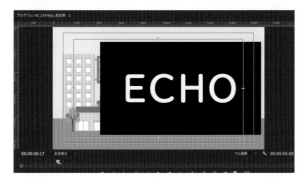

- モーションテロップを読み込む
- 背景素材を読み込む
- アルファなしは背景透過しない

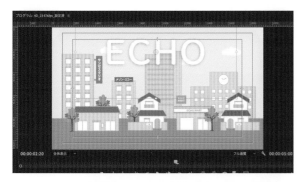

- アルファありで書き出す
- データを上書きするときの注意点
- Premiere Pro での管理が
  適していること

Premiere Pro から動画を書き出す

- Premiere Pro の書き出し設定
- 完成！
- 納品ファイルを整理する

動画視聴お疲れさまでした！

5-1 スイッチ

スイッチって何?

タイムラインパネルの各レイヤーには、モーションブラースイッチや 3D レイヤースイッチなど、機能別にさまざまな**スイッチ**が配置されています。必要に応じてオン/オフを切り替えながら作業を進めます。

スイッチの上部のアイコンにマウスカーソルを合わせると、そのスイッチの機能が表示されるので、スイッチの機能がわからなくなったときは簡易的に確認することができます。

タイムラインパネルのスイッチ

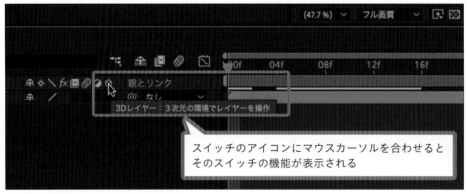

スイッチの機能の表示

スイッチの表示／非表示

　それぞれのスイッチの機能を理解した上で作業をすることで、より多彩な表現が可能になります。タイムラインパネルで各スイッチが非表示になっている場合は、タイムラインパネル左下にあるレイヤースイッチで表示することができます。

　レイヤースイッチは3つあり、タイムラインパネルのスイッチの表示／非表示を切り替えることができます。

> ❶ スイッチ群の表示／非表示
> ❷ 転送制御（描画モード・トラックマット）の表示／非表示
> ❸ レイヤーのイン、アウト、デュレーションの表示／非表示

　基本的には①⇔②で切り替えができるようになっていれば問題ありません。③のスイッチはそこまで使用頻度が高くないので、必要なときだけ表示させましょう。

　ショートカットキー［F4］でスイッチの表示の切り替えができます。また、列の名前を右クリック→［列を表示］から、タイムラインパネルの列の表示を調整することができます。

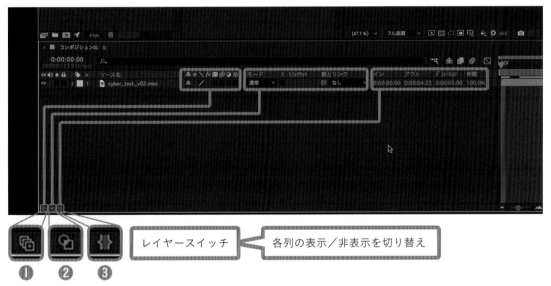

［F4］でスイッチの表示を切り替え

［列を表示］からスイッチの表示を調整

A/V 機能のスイッチ

　オーディオ（A）とビデオ（V）の機能に関連するスイッチです。ここのスイッチ群が、一番使用頻度として高いものなります。

A/V 機能のスイッチ

ビデオの表示 / 非表示
　非表示にするとコンポジションパネルで表示されなくなります。

オーディオのオン / オフ
　レイヤーのサウンドのオンとオフを切り替えます。

指定したレイヤーのみを表示（ソロビュー）
　このスイッチがオンになっているレイヤーがある場合、それ以外のレイヤーは、一時的に非表示になります。
　レイヤーが大量にあるタイムラインパネルで1レイヤーを集中して修正したいときなどに、任意のレイヤーを見やすくするために使用します。

レイヤーのロック
　ロックをかけるとレイヤーの消去や移動ができなくなります。
　ロックをうまく使っていけば、うっかりミスでレイヤーを消去してしまったり、移動させてしまうというミスを減らすことができます。

スイッチ列のスイッチ

　スイッチ列のスイッチは種類が多いので、よく使うモーションブラーと 3D レイヤーのスイッチをまずは覚えましょう。

スイッチ列のスイッチ

モーションブラー（使用頻度高い）

　レイヤーにかかるモーションブラー（→ p.138 参照）のオンとオフを切り替えることができます。オンになるとレイヤーのアニメーションに応じて、モーションブラーが適用されます。

　各レイヤーのモーションブラースイッチと、コンポジションスイッチのモーションブラースイッチが同時にオンになることで、モーションブラーを生成します。

3D レイヤー（使用頻度高い）

　2D レイヤーを 3D レイヤー（→ p.188 参照）に変換するためのスイッチです。位置情報には 2D レイヤー（X,Y）の他に Z 軸が追加されます。これによって奥行きの表現が可能になり、レイヤーの角度調整もできるので立体的なパース感が生まれます。

コラプストランスフォーム（使用頻度低い）

　このスイッチは、対象レイヤーがプリコンポジション（→ p.210 参照）かベクターレイヤーかによって効果が自動的に変わります。プリコンポーズされたレイヤーの場合は、コラプストランスフォーム（コラプス）のスイッチとなります。プリコンポジション（プリコンプ）については第 7 章で解説しているので、今の時点では意味がよくわからなくても大丈夫です。

　プリコンポジションのコラプストランスフォームのスイッチをオンにすると、プリコンポジションの中の処理が、親元であるメインコンポジションに持ち越されます。3D レイヤーが 3D 空間を保持したままになり、調整レイヤーなどのエフェクトもコンポジションをまたがって適用されます。

　また、コラプストランスフォームのスイッチをオンにすると、メインコンポジション上では、いくつかの機能が「–」アイコンになり使用できなくなります。

コラプストランスフォーム

コラプストランスフォーム　オフ

コラプストランスフォーム　オン

連続ラスタライズ（使用頻度低い）

対象レイヤーがシェイプレイヤー（→ p.204 参照）やテキストレイヤー（→ p.94 参照）、Illustrator ファイルの場合、このスイッチは連続ラスタライズのスイッチとなります。

連続ラスタライズを使うと、ベクターデータのエッジがシャープになる場合が多いです。

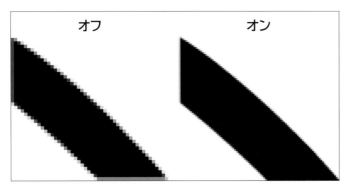

連続ラスタライズのオン／オフ

品質とサンプリング（使用頻度低い）

レイヤーの画質を、2 種類の最高画質（処理が重たい）かドラフト画質（処理が軽い）に切り替えることができます。通常作業をする場合は、バイリニアで問題ありません。

これは、拡大縮小する際に画像を補間する方式の違いです。拡大時はバイキュービックの方が良い結果になることもありますが、元の画像次第です。適時切り替えて確認するとよいでしょう。

ドラフト画質はレンダリングの処理は早くなりますが、補間の処理がなくなるため画像の輪郭がガタガタして見える場合があります。一部エフェクトの処理も省かれる計算方式です。

品質とサンプリング

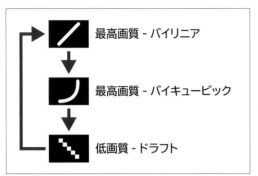

切り替えの様子

最高画質 - バイリニア：拡大時に画像がソフトになる
最高画質 - バイキュービック：拡大時も画像のシャープさが保たれやすい
低画質 - ドラフト：拡大時に画像の輪郭がガタガタしやすい（最終納品としては使えない）

シャイ（使用頻度低い）

指定したレイヤーをタイムラインパネル上で隠すことができます。

タイムラインパネル上で隠れているだけで、レンダリング結果には表示されます。レイヤーが増えすぎて、スクロールが大変になってきたときなどに便利な機能です。

任意のレイヤーでシャイボタンを押して、そのあとコンポジションスイッチの「タイムラインウィンドウですべてのシャイレイヤーを隠す」を押すと適用されます。

シャイレイヤーをオフにした様子

コンポジションスイッチの「タイムラインウィンドウですべてのシャイレイヤーを隠す」をオンにした状態

調整レイヤー（使用頻度低い）

　対象レイヤーを調整レイヤー（→ p.203 参照）に変換するためのスイッチです。新規調整レイヤーを作成した際は、デフォルトでオンになっています。変換されたレイヤーは透明になりますが、アルファチャンネル情報は有効です。ビギナーのうちは、そこまで使用頻度は高くないと思います。

調整レイヤースイッチ

 エフェクト（使用頻度低い）

　レイヤーにエフェクトを適用した際に自動でオンになります。オフにすることで、そのレイヤーに使用されているすべてのエフェクトを一括でオフにすることができます。

エフェクトスイッチ

エフェクトスイッチ　ON

エフェクトスイッチ　OFF

フレームブレンド（使用頻度低い）

　実写映像やレンダリング済みの動画レイヤーの再生スピードを遅くした際に生じる、フレーム不足を補間する機能です。主に実写素材を扱う際に使用します。動画ファイルや連番ファイルの前後のフレームを使用して補間するため、静止画ではこのスイッチを操作することができません。オフ／フレームミックス／ピクセルモーションのいずれかに切り替えることができます。

　レイヤーのフレームブレンドボタンを使用した際に、タイムラインパネル上部にある「フレームブレンド使用可能」コンポジションスイッチが自動でオンになります。またフレームブレンドはシャイスイッチと同様に、コンポジションスイッチの「フレームブレンドが設定されたすべてのレイヤーにフレームブレンドを適用」をオンにしたときだけ有効になります。

フレームブレンドと「フレームブレンド使用可能」コンポジションスイッチ

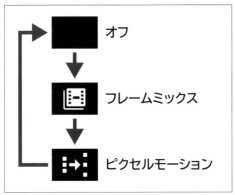

切り替えの様子

137

5-2 モーションブラー

モーションブラーって何？

モーションブラーとは、高速移動している物体を撮影すると現れる残像のことです。

アニメーションにモーションブラーが付いていると映像に躍動感が生まれ、これぞ After Effects といったダイナミックな映像作りが可能になります。また映像自体がなめらかな印象になる特性もあります。

> やあ、みなさんサンゼです。
> モーションブラーが付いていると、サンゼが
> 横スライドしているように見えませんか？
> これがモーションブラーの効果です。

　　　モーションブラー　オン　　　　　　　　モーションブラー　オフ

モーションブラー

！注意！

モーションブラーを付けると、ブラーを生成する処理が発生するので映像を描画するのに負荷がかかります。そのため通常よりもレンダリング時間がかかります。タイムマネジメントが大切です。

モーションブラーの使い方

After Effects でのモーションブラーの作成は非常に簡単です。

レイヤーごとにモーションブラーをオンにするスイッチがあります。モーションブラースイッチをオンにするだけで、動きの速さに応じて自動的にモーションブラーが生成されます。

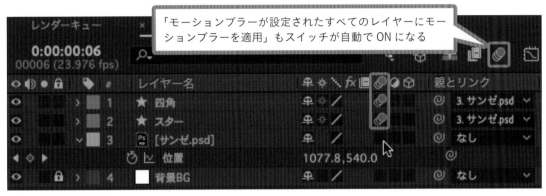

モーションブラーのスイッチ

■ モーションブラーのオン／オフをレイヤー単位で管理

モーションブラーはレイヤー単位でオン／オフできます。また、タイムラインパネル上部にあるコンポジションスイッチの「モーションブラーが設定されたすべてのレイヤーにモーションブラーを適用」は、電気のブレーカーのような役割をしていて、これをオフにするとすべてのレイヤーのモーションブラーの効果が無効化されます。

アニメーション確認の際はプレビュー処理を軽くしたいので、コンポジションスイッチの「モーションブラーが設定されたすべてのレイヤーにモーションブラーを適用」をいったんオフにすると効果的です。

サンゼ君のみモーションブラーをオフに

5-3 レンダリング・コーデック

レンダリングって何？

After Effects のコンポジションでアニメーションや合成作業をしたら、動画ファイルとして書き出す必要があります。この書き出しのことを**レンダリング**といいます。この節ではレンダリングの方法と、オススメの書き出し設定をご紹介します。

レンダリングの手順

レンダリングは大まかに次のような流れで行います。レンダリングは繰り返し行う作業なので、ショートカットを積極的に活用しましょう。

①レンダーキューにコンポジションのキューを追加する

　書き出し（レンダリング）したいコンポジションをプロジェクトパネルで選択した状態で
　　・上部メニューの［コンポジション］→［レンダーキューに追加］
　　・ショートカットキー［⌘＋M］もしくは［⌘＋Shift＋/］
②［レンダリング］ボタンをクリックしてレンダリング開始。青いレンダリングバーが走り出し、
　レンダリングが終了すると「ピロン」と音が鳴る

コンポジションを選択した状態で［⌘＋M］

キューが追加される

レンダリング①

レンダリング開始

レンダリング②

書き出しプリセットの作成

　レンダリングを行うときには、「出力モジュール」という項目から書き出しプリセット（設定）を呼び出すことができます。しかし、残念ながら初期設定では便利な書き出し設定がありません。「ロスレス圧縮」や「アニメーション圧縮」は高解像度ではあるものの、ファイルサイズが大きいためPCの容量をすぐに圧迫してしまいます。

　そこで、一緒にプリセットを作ってみましょう。画質をキレイに保ちつつデータ容量の軽い「Apple ProRes 4444」コーデックがオススメです！

出力モジュール

　レンダーキューから、「出力モジュール」の右隣の［∨］マークをクリックすると、出力モジュールのプリセットがドロップダウンメニューで出てきます。一番下の［テンプレートを作成］を選択すると、「出力モジュールテンプレート」ウィンドウが開きます。ここでプリセットを作っていきます。ちょっと難しく見えますが、一度設定を作ってしまえば何度も繰り返し使えるので頑張りましょう。

　書き出しプリセットの種類は、アルファチャンネルの有無で大きく2つに分けることができます。アルファチャンネルは、動画をくり抜く際に必要なチャンネルです（→ p.69 参照）。アルファチャンネルがあると背景が透過するのでテロップモーションなどを書き出したあと、今回のチュートリアルのように別の動画に重ねてのせることができます。

　設定名を「名称未設定1」から「ProRes_4444_アルファあり」に変更します。その下の［編集］ボタンから設定を選択していきます。次のページでアルファチャンネルあり／なしの2タイプの書き出し設定をそれぞれ掲載しているので、参考に作ってみてください。

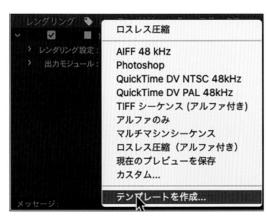

テンプレートを作成

「出力モジュールテンプレート」ウィンドウ

📊 Apple ProRes 4444 アルファあり

こちらは、テキストアニメーションを Premiere Pro でのせる際に便利な設定です。

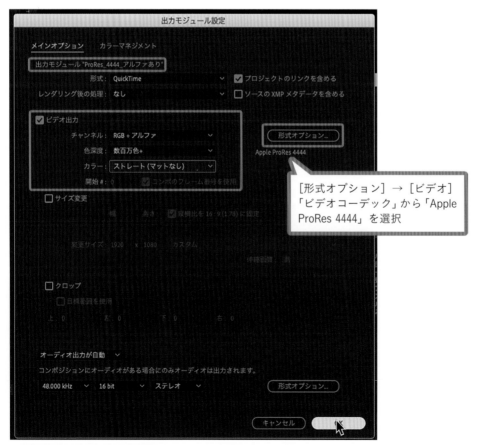

Apple ProRes 4444 アルファあり

Apple ProRes 4444 アルファなし

アルファチャンネルなしで書き出したいときはこちらの設定で OK です。

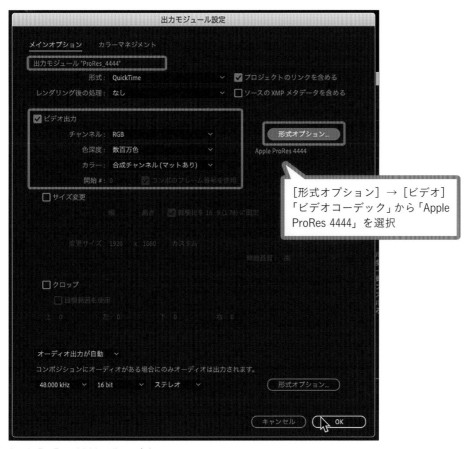

[形式オプション] → [ビデオ]
「ビデオコーデック」から「Apple
ProRes 4444」を選択

Apple ProRes 4444 アルファなし

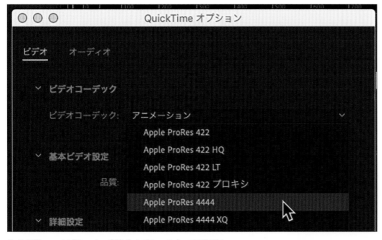

QuickTime オプション（形式オプション）での設定

出力先の設定

　これで作成した出力モジュール設定が、レンダーキューのメニューに追加されました。今後は「Apple ProRes 4444 アルファあり」と「Apple ProRes 4444 アルファなし」を使用していきましょう。

　書き出し設定を決めたら、出力先と書き出す動画ファイルの名前を決めます。出力先はデスクトップや任意のフォルダーを選択しましょう。

　動画のファイル名はコンポジション名のままで OK です。ファイルの名前の付け方が適当だと、どのコンポジションで動画を作ったのかを見失うトラブルにつながるので注意が必要です。

　また、動画の書き出しが完了したら再生してチェックを忘れずに！

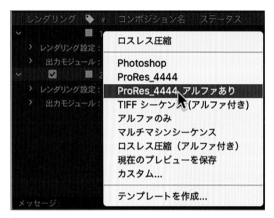

「Apple ProRes 4444 アルファあり」を使用

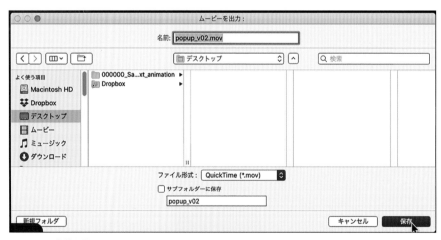

ファイルの名前を付ける

レンダリング

> **！注意！**
>
> 　After Effects から直接 Media Encoder（→ p.161 参照）での書き出し（AME でキュー）はオススメしません。エラーが出ることも多いです。

書き出したファイルの整理

　After Effectsから書き出した映像素材を、フォルダーに整理整頓しましょう。ダウンロードしたファイル（→p.33参照）の「000000_Sanze_text_animation」の中にある「04_Renders」というフォルダーへ書き出した素材をドラッグして入れましょう。

　作成する作品ごとにデータの管理用フォルダーを作ることが大切です。デザインセンスと同じくらい、データ整理は映像制作で大切なスキルです。

　After Effectsから書き出した動画ファイルは、「04_Renders」フォルダーなど任意のフォルダーへ整理してください。このフォルダーの中に入っている動画ファイルを素材として、Premiere Proへ読み込んで再レイアウトしていきます。

　アニメーションを修正するたびに下記の手順を繰り返します。「書き出して、読み込んで、並べ替えって面倒くさい……」と思われるかもしれませんが、この工程がAfter EffectsとPremiere Proを連携させて作業するためには重要になります。これについては、後ほどご説明いたします（→p.150参照）。

---

①デスクトップに書き出し
②「04_Renders」フォルダーへMOVデータをドラッグして上書き

「04_Renders」フォルダーで整理

▶動画紹介　After EffectsとPremiere Proの連携について詳しく知りたい方へ

After EffectsとPremiere Proの連携を詳しく知りたい方は、サンゼのこの動画がオススメ！

AfterEffectsとPremiereを連携時短テク
【AfterEffectsチュートリアル.050】
https://youtu.be/PxB4DKM8zhY

コーデックって何?

コーデックとは、映像の圧縮形式のことです。MOV や MP4 は**コンテナ**という動画を入れる入れ物ですが、さらにその中に、コーデックという圧縮形式が内包されています。

コーデックには、Apple ProRes など映像データの保存を目的とした高画質でデータ容量の多いものや、H.264 など YouTube 等でのストリーミング再生を目的とした低画質でデータ容量を抑えたものがあります。用途に応じて使い分けることが大切です。

保存用

MOV

Apple ProRes

DNxHD　非圧縮

配信用

MP4

H.264

H.265

一度下げた画質は後から戻せない

最近は圧縮の技術も進んでいるので、データ容量が軽くて高画質も保てるコーデックが増えてきました。しかし、これはストリーミング再生で視聴するには十分でも、映像クリエイターが映像加工用の素材としては使うには不十分なものになります。

圧縮では基本的に、データ容量を間引くことになります。したがって、圧縮したデータを映像素材として再加工しようとすると、ブロックノイズがのるといった、画の破綻が起きてしまいます。

映像クリエイターは、そのようなトラブルを避けるため、高画質なコーデックの Apple ProRes 4444（→ p.141 参照）などでレンダリングし、完パケデータを作成します。映像を圧縮するのは、ストリーミング用ファイルへ変換する最後の 1 回だけです。

低ビットレート　　　　高ビットレート

階調破綻した H.264　ブロックノイズがのっている

アルファチャンネルの処理

ストレートアルファと合成チャンネル

　アルファチャンネルの処理には「ストレートアルファ」と「合成チャンネル」という2つのモードがあります。どちらかが正しい設定というわけではないのですが、ストレートアルファの方が読み込みに対応している映像ソフトが多いので、こちらで書き出したほうが無難です。After Effects でアルファ付きのフッテージを読み込む際は、フッテージに埋め込まれているメタデータ（映像以外の信号）を読み込んで自動的にどちらのモードかを判別してくれるので、ユーザー側では特に意識せず作業することができます。

　なぜ今回この説明をしたかというと、アルファの処理を間違えて読み込んでしまうと、映像に黒いエッジが出てしまうからです。次の画像を参照してください。一番上のサンゼくんの輪郭が黒くなってしまっているのがわかります。

失敗：黒エッジが出ている

成功：エッジがキレイ

ストレートアルファはエッジを太らせて黒エッジが
出ないようにする処理

After Effects で黒エッジを直す方法

黒エッジを直すのは簡単です。フッテージのアルファチャンネルの読み込みモードを切り替えるだけです。ストレートアルファで読み込まれている場合は合成チャンネルに、反対に合成チャンネルで読み込まれている場合はストレートアルファに切り替えること解決することが多いです。

プロジェクトパネル上部のフッテージの情報を見ると、アルファチャンネルのモードが表示されています。

フッテージの情報を確認

モードを変換するには、素材のフッテージを右クリック→［フッテージを変換］→［メイン］で、「フッテージを変換」ウィンドウを開きます。メインオプションの1番上にある「アルファ」の項目からアルファの読み込みモードを変更するだけで OK です。

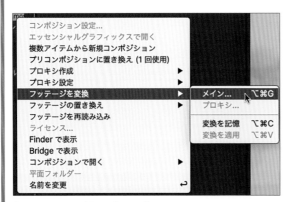

［フッテージを変換］→［メイン］

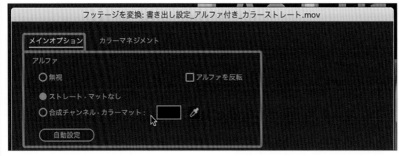

「フッテージを変換」ウィンドウ

🐾Premiere Pro で黒エッジを直す方法

Premiere Pro でも同様の変更ができます。読み込んだアルファ素材に黒エッジが出ている場合は、以下の手順を試してみてください。

プロジェクトウィンドウから該当のフッテージを右クリック→ ［変更］ → ［フッテージを変換］で、「クリップを変更」ウィンドウを開きます。その中央の「アルファチャンネル」の項目からアルファのモードを切り替えることができます。

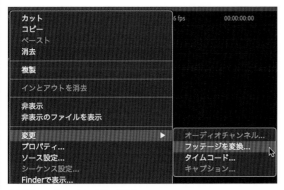

［変更］→ ［フッテージを変換］

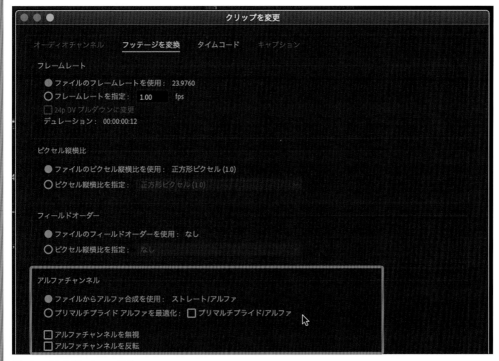

「クリップを変更」ウィンドウ

5-4 Premiere Pro との連携

虫の視点と鳥の視点（ツールの使い分けのポイント）

　今回の動画では、After Effects でのアニメーション制作と動画の書き出し、さらに Premiere Pro との連携についてお話しました。本書は After Effects ビギナーへ向けて書かれたものですが、ビギナーの方ほど Premiere Pro で作品の構成を立てていくことの重要性に、早い段階で気付いてほしいと思っています。

　After Effects はカット単体を管理して作成するのに向いています。一方で Premiere Pro は、シーン全体を管理することに向いています。例えると、After Effects は虫の視点で細かく映像を見ていくの適しています。反対に、Premiere Pro は鳥の視点で作品全体を広く見ていくのに適しています。それぞれのツールの長所と短所を上手に使い分けていくことが作品のクオリティアップにつながり、ビギナー卒業の鍵になってきます。

After Effects と Premiere Pro の編集ワークフロー

そこで After Effects と Premiere Pro をどのように連携させて一つの作品を完成させていくのか、そのワークフローを整理しておきましょう。これは、映像編集のプロが実際に行っていることです。

オフライン QT

アニメーションの下敷きとして、簡単な紙芝居動画を作ります。
一見遠回りですが、この作業をすることで後の作業が格段にスムーズになります。
仮の紙芝居動画のことを、「オフライン QT」や「ビデオコンテ（V コン）」と呼びます。

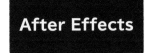

中間ファイル

オフライン QT をガイドに、カットごとにクッション尺を付けてアニメーションを作成します。

作成したアニメーションは Apple ProRes に書き出します。
これを「中間ファイル」と呼びます。
アニメーションを修正するたびに書き出し、何度も上書きをして更新しましょう。

読み込み

書き出した Apple ProRes データは、特定のフォルダーに収集します。
「Renders」などと名前を付けておくとよいでしょう。
※書き出した動画データの倉庫のようなイメージです。

マスターデータ

Renders フォルダーから Apple ProRes データを読み込み、Premiere Pro のタイムラインで並べます。
広い視点で作品のタイムラインを整理・管理します。

Premiere Pro でタイムラインの整理ができたら、マスターデータ（完パケ）の Apple ProRes を書き出します。

納品用 MP4

マスターデータから、用途に応じて MP4 などに変換します。
マスターデータがあれば、さまざまな形式に変換しやすいです。
※Premiere Pro から直接 MP4 を書き出すのは避けましょう。

納品用の MP4 データが完成です。

映像編集のワークフロー

Premiere Pro の各パネルの役割

Premiere Pro との具体的な連携をご説明する前に、Premiere Pro の操作方法を簡単にご紹介します。

Premiere Pro の操作画面

❶ プロジェクトパネル：After Effects と同様に、素材データの管理をします。

❷ ソースモニター：読み込んだ静止画素材や動画素材を再生確認するウィンドウです。プロジェクトパネル上で素材をダブルクリックするとこちらに表示されます。

❸ タイムラインパネル：After Effects と同様に、素材の配置や再生するタイミングの調整ができます。Premiere Pro の場合、素材を並べる段をレイヤーではなく**トラック**と呼びます。After Effects と違い 1 トラックには複数の素材を並べることが可能です。

❹ プログラムモニター：再生して確認するためのパネルです。タイムラインに並べた映像の結果を、このパネルでチェックします。

Premiere Pro への素材の読み込み

Afeter Effects と同様に、プロジェクトパネルをダブルクリックすると読み込みパネルが立ち上がります。Finder やエクスプローラーからドラッグ＆ドロップでも読み込めます。

今回のチュートリアルで使用した背景静止画の「BG.png」は以下の場所にあります。

000000_Sanze_text_animation → 03_Footage → Image → BG.png

また、次に説明する「シーケンス」の雛形が 4 つ入った Premiere Pro のプロジェクトデータを配布していますので、書籍購入者用ダウンロードページからダウンロードしてみてください。

読み込みの様子

シーケンスって何？

　Premiere Pro で映像を編集する際は、**シーケンス**を使います。これは、映像を切ったり並べたり重ねたりする空間のことです。「シーケンス＝タイムライン」という認識で OK です。

　After Effects のコンポジションにも似ていますが、大きな違いがあります。それは、トラックの中に置ける映像の数です。After Effects は１トラックに１レイヤーという考え方なのですが、Premiere Pro のシーケンスは１トラックあたりの素材の制限がありません。

　また、After Effects は映像を上に重ねていくのでタイムラインが縦に伸びていくことが多いのに対し、Premiere Pro はタイムラインが横に伸びていきます。

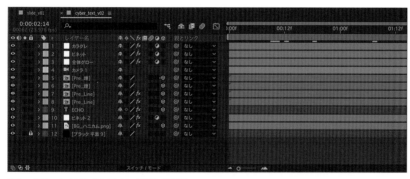

After Effects はタイムラインが縦に伸びる

Premiere Pro はタイムラインが横に伸びる

シーケンスの作成

シーケンスを作成するには、プロジェクトパネルの空いたスペースを右クリック→［新規項目］→［シーケンス］から、「新規シーケンス」ウィンドウを開いてください。ここには、カメラの設定に基づいたいくつかのプリセットが置かれています。

ただし基本的にビデオプレビューは、Apple ProRes（→ p.141 参照）のコーデックで作業した方がよいので、新たにプリセットを作ります。［設定］タブをクリックし、下の画面図を参考に設定してみてください。また出来上がったプリセットは左下の［プリセットの保存］で保存しておくと、次回以降も呼び出しができるので時間短縮につながります。

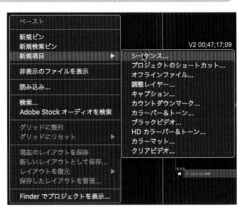

「新規項目」→「シーケンス」

編集する素材に合わせて調整する

ビデオプレビューも Apple ProRes を使用しておくと劣化が少ない

「新規シーケンス」ウィンドウ

プリセットを保存した様子

自分で作ったテキストアニメーションを背景画像にのせる

　シーケンスができたら素材を重ねてみましょう。Premiere Pro ではタイムラインのトラックに名前が付いています。ビデオを置くトラックは一番下が「V1」で、上に「V2」「V3」と増えていきます。オーディオを置くトラックは一番上が「A1」で、下に「A2」「A3」と増えていきます。今回のチュートリアルでは、背景用に「BG.png」をトラックの V1 へ置き、その上の V2 に After Effects で作成したアルファ付きのテキストアニメーション「popup_v02.mov」を置きました。

　After Effects でテキストアニメーションを作るときは、基本的に Premiere Pro で使うための素材作りと考えて、A コンポジション中央に作った方が、修正が少なくてすみます。テロップを置く場所の位置やドロップシャドウなどの微調整は、Premiere Pro で行うほうがスムーズです。

　この方法なら After Effects ではアニメーションの動きの気持ちよさに集中でき、Premiere Pro ではテロップのレイアウトに集中できます。優先順位を自然と切り分けることができるので、迷うことが少なくなります。

Premiere Pro のタイムラインでテキストを V2 へ置く

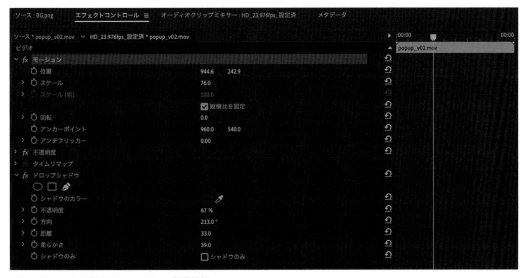

After Effects と同様にパラメーターで位置調整

ファイルの更新

　Premiere Pro 上でテキストアニメーション素材をレイアウトした後、アニメーション自体を修正したい場合があると思います。今回のチュートリアルでも、途中でテキストアニメーションのフォントを変更して更新しました。

　読み込んだファイルの更新方法はとても簡単で、同じ名前のファイルを作って上書き保存すれば完了です。

① After Effects でアニメーションを修正し、デスクトップへ書き出す（ファイル名は同じ）
② 素材管理用のフォルダー「04_Renders」にドラッグ
③「～現在移動中の新しい項目で置き換えますか？」のアラートで ［置き換える］ を選択

　Premiere Pro も After Effects と同様に、素材ファイルは外部参照として読み込んでいます。そのため、読み込み先の素材が更新されれば、Premiere Pro 上でも自動でデータが更新されて差し替わります。

　これをしないと位置情報や素材の使い所の調整をやり直す必要があるので、上書き更新できるところはなるべく上書きして進めていくと時間短縮になります。

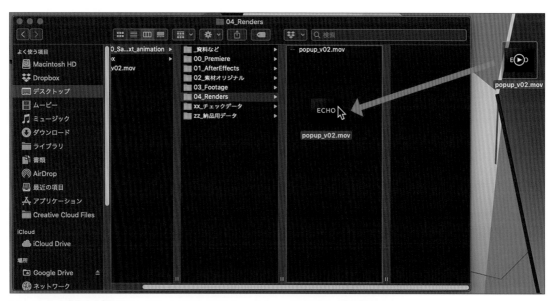

ファイルを上書きする様子

上書きのアラート

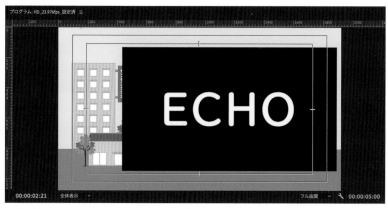

上書き前

上書き後

5

! 注意!

　Premiere Pro で素材を上書き更新するときは、タイムラインのシークバーをタイムライン上の後ろの
スペースに置いておきましょう。

　シークバーがタイムライン上の素材データの上に置いてあると、素材を参照している最中に素材を更
新してしまうため、素材の読み込み自体はできるものの、Premiere Pro がエラーを出してしまいます。
すると、タイムラインの右下にエラー表示が出る他、Premiere Pro のバージョンによってはプレビュー
画面にエラーを示す赤いフレームが入ってしまいます。

　ただし、わりとポピュラーなエラーなので焦らなくて大丈夫です。データを保存してから、Premiere
Pro を再起動すれば直ります。

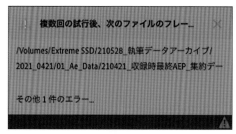

Premiere Pro のエラー画面

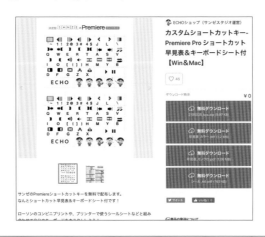

中級者向け　チャレンジ！

複数パターンのテキストアニメーションを Premiere Pro で管理

　テキストアニメーションを数パターン作成した場合は、アニメーション違いで動画を書き出して（アルファ付きの ProRes 4444）トラックを分けて上に段積みするのがオススメです。

　また、Premiere Pro の「有効・無効」を使うことで、スムーズに Premiere Pro のタイムラインを切り替えることができます。

　このテクニックの詳細は、第 5 章の番外編動画「Premiere Pro でテロップアニメを管理しよう！」でも解説しています。初めはソフトを行き来するので難しく感じてしまうかもしれませんが、すぐ慣れてくるかと思いますので挑戦してみましょう。

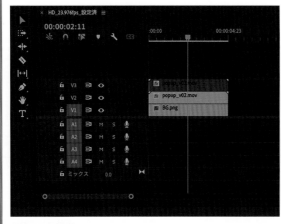

段積みの最終形

第 5 章の番外編動画で詳しく解説！

5-5 完パケの作成

完パケ（マスターデータ）って何？

　Premiere Pro 上で編集データが完成したら**マスターデータ**を書き出しましょう。今回のチュートリアル動画の中では、Premiere Pro からダイレクトにストリーミング用の MP4 の書き出しを行いました。クライアントチェック用の動画や、自身が発信するメディアの場合はダイレクトに MP4 の書き出しをして問題ありません。しかし、仕事でデータ納品するような場合は、キチンと高画質な Apple ProRes などでマスターデータを作成し、そこから MP4 などに圧縮する作業を行うのが鉄則です。

　このマスターデータのことを映像業界では**完パケ**（完成パッケージ）と呼び、「完パケる」といったように動詞として使うこともあります。マスターデータを作成してから納品データに変換する流れは、一見すると二度手間に感じるかもしれません。しかし、作成したマスターデータを親として納品先に応じて変換をしていくと、データに何かトラブルが起きた際の原因特定がスムーズです。また、マシンの負荷もダイレクトに MP4 書き出しするよりも少ないので、結果的に早く作業が終わります。急がば回れです。

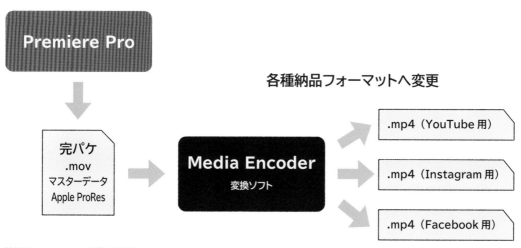

納品フォーマットへ変換する流れ

> **Column**　**動画をしっかり再生確認するのを忘れないで！**
>
> 　書き出したマスターデータは必ず再生して確認しましょう。データに欠陥がないか、最終チェックするのもプロの仕事です。最後に手を抜くのはダメです。
>
> 　最終確認を行うアプリケーションは、QuickTime Player や VLC Media Player ではダメです。なぜならば、これらのアプリケーションは映像本来の色味が正確に再現されません。厳密に色の確認をしたいときは、納品データを書き出したあと、Premiere Pro に再度読み込んで再生チェックすると間違いがありません。

Premiere Pro から完パケの書き出し（Apple ProRes）

Premiere Pro から Apple ProRes でマスターデータを作成するのは、次のような手順で行います。

①書き出したいシーケンスのタイムラインを開いた状態で［⌘＋M］を押すと、「書き出し設定」
ウィンドウが開きます。上部メニューの［ファイル］→［書き出し］→［メディア］でも同様です。
②「書き出し設定」ウィンドウが立ち上がったら、各種設定をしていきます。ファイル名の頭には書
き出し日の日付を入れておくのがベターです。出力先はひとまずデスクトップにしましょう。
　・形式：「QuickTime」を選択
　・プリセット：［∨］を押し、ドロップダウンメニューで「Apple ProRes 422 HQ」を選択
　・出力名：書き出したいファイルの名前を付け、出力先を選択
③書き出しパネルの右下にある［書き出し］ボタンを押すと書き出しが始まります。

完パケの書き出し

書き出したマスターデータを「納品フォルダー」へ収納

　完パケデータはプロジェクト管理用のフォルダー「000000_Sanze」→「zz_納品用データ」→
「000000_マスターデータ」に入れてください。こうする
ことでファイルをなくすトラブルが減ります。ここから、
Media Encoder を使ってストリーミング用の納品データ
として変換していきます（→p.161 参照）。

納品フォルダーへ収納

5-6 納品データの変換

Media Encoder って何？

Media Encoder は動画ファイルをさまざまな形式に変換することができる Adobe の変換ソフトです。After Effects をインストールする際に、同時にインストールされています。

Mac の方は、デスクトップ右上の Spotlight で「Adobe Media Encoder」と検索すれば表示されます。ダブルクリックするとアプリが立ち上がります。

Windows の方は、画面左下の検索バーへ「Adobe Media Encoder」と入力することで表示されます。

> 💡 **マメ知識　アプリケーションのデータ**
> --
> アプリケーションのデータは「Macintosh HD」→「アプリケーション」にあります。アプリケーションを立ち上げたら、次回以降作業しやすいように Dock へ固定しておきましょう。

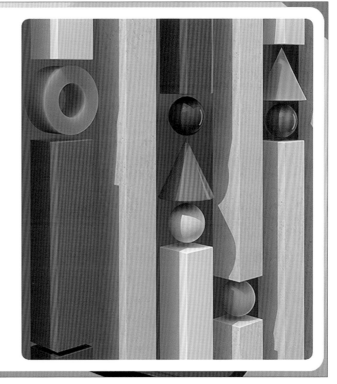

Media Encoder

Media Encoder の使い方

Media Encoder の使用方法は非常に簡単です。①の画面図は、Media Encoder を立ち上げた初期状態になります。

① 変換したいファイルを右上の「キュー」へドラッグしてセットします。キューにセットされたものを「ジョブ」といいます。

Media Encoder での変換①

② 豊富なプリセットが左下の「プリセットブラウザー」に用意されているので、プリセットをキューにあるジョブへドラッグします。下の画面図は、プリセットブラウザーから「Twitter 720p HD」を、キューにスタンバイしている動画へドラッグしている様子です。

Media Encoder での変換②

③ Media Encoder の右上の ［▶］ ボタンを押すことで変換がスタートします。変換をスタートすると下の「エンコーディング」の画面に変換作業の進捗が表示されます。また変換のキューは複数スタンバイできるので、マスターデータから複数の納品フォーマットへデータ変換する際も非常に便利です。

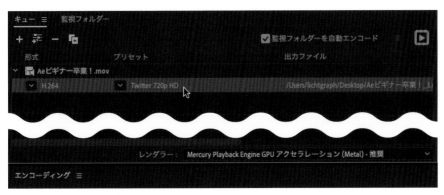

Media Encoder での変換③

■ さらに細かな設定

さらに細かな設定をしたい場合は、上の画像の青字で表記されているプリセット名をクリックしてください。「書き出し設定」ウィンドウが立ち上がりますので、そこで詳細を設定することができます。用途に応じて設定してみてください。

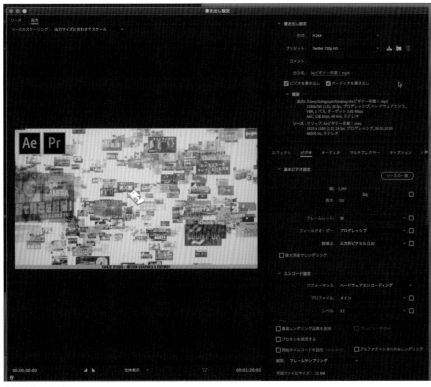

書き出しの設定

Media Encoder の変換プリセットの活用

プリセットデータの保存

Media Encoder で作成した変換プリセットは保存できます。保存すると次回以降の作業がスムーズになるので、上手に活用してください。「書き出し設定」ウィンドウで詳細を変更したら、プリセットのドロップダウンメニューの隣にある［プリセットを保存］ボタンを押しましょう。「名前を選択」ウィンドウが立ち上がるので、任意の名前を付けます。［OK］ボタンを押すとプリセットブラウザーへ保存されるので、次回以降は他のプリセットと同様にドラッグするだけで設定を繰り返し使い回すことができます。

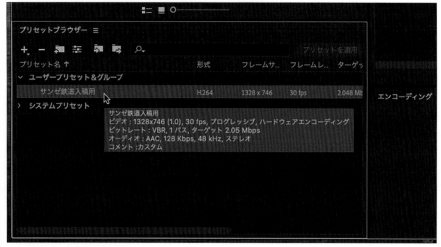

プリセットデータの保存①

プリセットデータの保存②

プリセットデータの保存③

● プリセットデータの外部書き出し

　プリセットデータは「.epr」データとして書き出すことができます。このファイルを共有しておけば、複数のメンバーで合作をした場合も、統一したフォーマットで書き出すことが可能です。またマシンを変更した際も、このファイルを Media Encoder へ読み込めば、書き出しフォーマットの引き継ぎも簡単です。

プリセットデータの外部書き出し①

プリセットデータの外部書き出し②　　　　　　　プリセットデータの外部書き出し③

デジタルサイネージって何？

　最近はさまざまな場所で液晶モニターを使った広告を目にするようになりました。このような広告を**デジタルサイネージ**と呼びます。

　デジタルサイネージはまだ過渡期で、掲載先の事業者ごとにオリジナルのフォーマットで納品する場合が多いです。仕様が変わることもよくあるので、一筋縄ではいきません。納品先からしっかりと納品用資料をもらった上で、変換フォーマットを作る必要があります。

　納品にあたっては、せっかく作った設定を保存しておきましょう。そしてその設定をチームのメンバーに共有するなどして、納品をスムーズに行いたいところです。

第 5 章のまとめ

　お疲れさまでした！　After Effects と Premiere Pro の連携、フォルダーの管理方法、Premiere Pro からの書き出しと Media Encoder の操作方法など、多くのことが学べたかと思います。

　新しい要素が多いパートでしたが、映像制作のフローを学ぶ大切な章です。ゆっくりでよいので繰り返し練習していきましょう。

　次の第 6 章から第 7 章を通じて作りあげていく作例ではもう少し踏み込んで、After Effects の一番楽しい要素である「3D レイヤー」を覚えていきます。「これぞ After Effects ！」といった、Premiere Pro だけでは難しい奥行き感のあるダイナミックな映像が作れるようになります。一緒に学んでいきましょー！

▶ アレンジに挑戦！

　チュートリアル通り作れるようになったら、次は自分なりにアレンジしてオリジナルの作品を作ってみましょう。それが一番の練習になります！

　アレンジ作品を作ったら、「＃サンゼ AE」を付けてツイートしてくれたら、サンゼが「いいね」を押しにいきます！　投稿してくださった作品は、まとめてサンゼのツイッターアカウントで紹介します！

アレンジのヒント

・文字を一文字ずつ打って、バラバラにポップアップしてみる
・影にカラーを入れて明るい印象にする
・影にブラインドで斜線を入れて、よりポップな印象にする

第 **6** 章

サイバーなタイトルカット
を作ってみよう！

この章で学べること

基礎のアニメーションが理解できた後は、After Effects の醍醐味であるエフェクトとエクスプレッションについて学んでいきましょう。簡単にカッコいいテキストのアニメーションが作成できます。

シーンのベースを作成する

- 新規コンポジションを作成
- フォント「VDL ギガ G」でテキスト入力

- 背景素材を読み込む
- レイヤー表示を管理するスイッチ

テキストをリッチにする

- デコーダフェードインを適用
- アニメーションのタイミングを調整

- グローで光らせる

スピンイン（単語）
スピンイン（文字）
スムーズムーブイン
スローフェードオン
タイプライタ
デコーダフェードイン
フェードアップ（単語）
フェードアップ（文字）

エクスプレッション

- エクスプレッションとは
- エクスプレッションの入力方法
- wiggle の解説

テキストを点滅させる

- wiggle をテキストの不透明度に適用
- エクスプレッションのオン・オフ
- 完成！

**動画視聴お疲れさまでした！
第 7 章へ続く**

6-1 アニメーションプリセット

アニメーションプリセットって何?

アニメーションプリセットとは、アニメーション済みのエフェクトプリセットやテキストアニメーションのプリセットが格納されている場所です。エフェクト&プリセットパネルの中にあります。カテゴリーごとに分類され、任意のレイヤーに対してドラッグ&ドロップで使用できます。

チュートリアル動画では、アニメーションプリセットからテキストアニメーションの「デコーダフェードイン」を使用しました。

アニメーションプリセットの使い方

チュートリアル動画と同じく、「デコーダフェードイン」を使用する手順で紹介します。

①「エフェクト&プリセット」→「アニメーションプリセット」を選択
②「Text」→「Animate In」→「デコーダフェードイン」と開いていく
③対象のテキストレイヤーへドラッグすればプリセットが適用される
※対象のレイヤーを選択した状態でプリセット名をダブルクリックすることでも適用できます。

①アニメーションプリセット

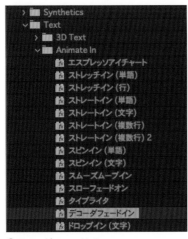

②デコーダフェードイン

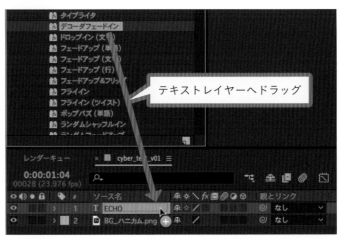

③対象のテキストレイヤーへドラッグ

■ アニメーションプリセットの保存

　アニメーションプリセットには、自分で作ったエフェクトの組み合わせも自由に保存できます。うまく作れたエフェクトやアニメーションを保存しておくと時間短縮になります。

①保存したいエフェクトをエフェクトコントロールパネルで選択し、上部メニューの［アニメーション］→［アニメーションプリセットを保存］をクリック
②「アニメーションプリセットに名前を付けて保存」でファイル名を付けて保存

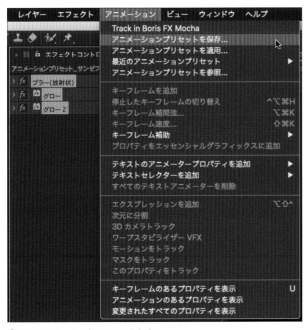

①アニメーションプリセットを保存

②アニメーションプリセットに名前を付けて保存

これでアニメーションが、アニメーションプリセットの中の「User Presets」に保存されます。プリセットにはキーフレームアニメーションも含めて保存されます。

User Presets に保存される

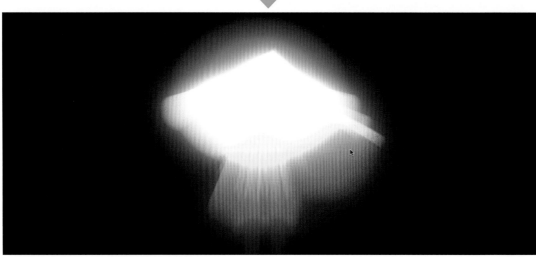

キーフレームの数値も込みで簡単に再現できる

6-2 エフェクト

エフェクトって何？

After Effects では、**エフェクト**という機能を使って静止画や動画にさまざまな効果を与えます。色を調整するエフェクトや、模様を描画するエフェクト、粒子を発生させるエフェクトなど、種類は多岐にわたります。エフェクトは**プラグイン**として外部メーカー（Red Giant や Video Copilot など）から購入して、機能を追加することもできます。

覚えることが非常に多い分野ではありますが、その分使いこなせれば幅広い映像作り、演出が可能になります。また、エフェクトは元素材を破壊せずに何度でも調整が可能です。

ここではエフェクトを使う上で最も基礎となる作業の流れとポイントについて解説します。

エフェクトの使い方

エフェクト＆プリセットパネルの中には、機能別にエフェクトがカテゴリー分けされています。「習うより慣れろ」です。ぜひ一通りのエフェクトをレイヤーに適用して、実験してみることをオススメします。検索ボックスからエフェクトの絞り込み検索もできます。

機能別にカテゴリー分けされている　　　　　　エフェクトを検索

■ エフェクトコントロールパネルへドラッグ

適用したいレイヤーを選択して、エフェクトコントロールパネルへドラッグすることでエフェクトが適用されます。

エフェクトコントロールパネルへドラッグ

エフェクトは上の項目から調整していくのが鉄則

「エフェクトの項目は上から順に調整をしていく」と覚えておいてください。エフェクトのパラメーターは基本的に、レイヤーに対する影響が強い順に上から配列されています。これを覚えておくと、どのエフェクトでも調整の感覚がつかみやすくなります。

After Effects にはたくさんのエフェクトがありますが、すべての数値を覚えておく必要はありません。数値よりもエフェクトの項目の意味を理解するように心がけるとよいでしょう。

エフェクトコントロールパネル

エフェクトは適用する順番で結果が変わる

エフェクトは1レイヤーに対して複数適用することができます。このとき、エフェクトコントロールパネルの上から順番に効果が適用されていきます。

次の図は、同じ2種類のエフェクトを適用し、エフェクトの順番を入れ替えたものです。最終結果の斜線に注目すると、違いがわかると思います。

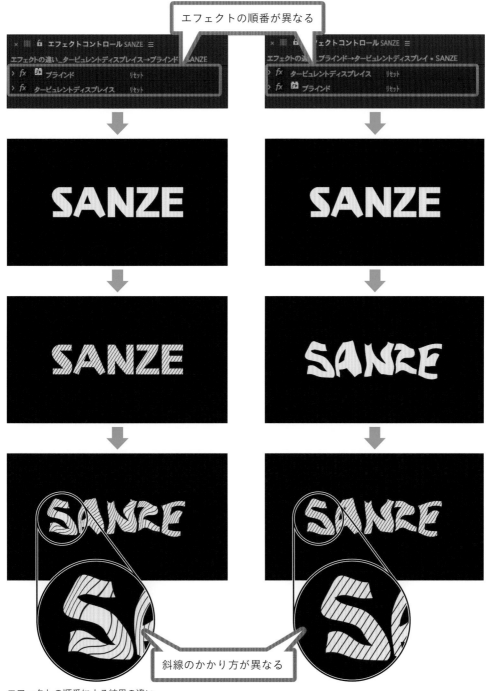

エフェクトの順番による結果の違い

6-3 エクスプレッション

エクスプレッションって何？

　今回の動画では、テキストの点滅にエクスプレッションの wiggle を使いました。エクスプレッションを使えば、手動よりも圧倒的に早くアニメーションを作成できたのがわかったと思います。

　エクスプレッションは、After Effects で使える簡単なプログラムのようなものです。たくさん種類がありますが、メジャーな 4 つを覚えたら大体のことができるようになるので、心配しないでください。詳しくは第 10 章でご説明しますが（→ p.286 参照）、今回は導入として一番ポピュラーな wiggle（ウィグル）をご紹介します。

　wiggle は、ランダムな数値を生成するエクスプレッションです。不透明度の点滅の他にも、位置や回転など、ありとあらゆるところに使用できます。自動でアニメーションが生まれるのがエクスプレッションの楽しいところです。

wiggle の記述例

wiggle の使い方

エクスプレッションは、キーフレームが入力できるすべてのパラメーターで使用できます。
プロパティの数値が赤くなったら、エクスプレッションが正常に書き込めた証拠です。
失敗だとエラーが出ます。どこかスペルが違うかもしれないので、確認してみてください。

①ストップウォッチマークを［Option（Alt)］キーを押しながらクリック
②エクスプレッションの書き込みスペースが出てくるので「wiggle(10,100)」と入力して
　［Enter］キーを押す

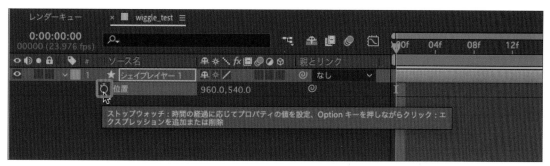

①ストップウォッチマークを［Option］キーを押しながらクリック

②エクスプレッションを入力して［Enter］キーを押す

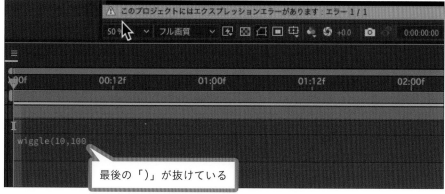

失敗するとエラーが出る

6-4 データ整理のコツ

　集中して作業していると、どうしてもデータが散らかってしまいがちです。データを片付けながら作業を進めるのは一見すると遠回りですが、整理整頓したデータを使えば効率は大きく上がります。そのため、結果的に早く作業を終えることができるはずです。データの整理も大切な仕事の1つと言ってよいでしょう。ここでは、作業を効率的にするための方法をいくつか紹介します。

プロジェクトパネルを整理する

　プロジェクトパネルは散らかりやすいので「Comp（コンポジション）」「Footage（素材）」「Precomp（プリコンポジション）」などでフォルダ分けしておくとよいでしょう。作っているカットごとにフォルダ分けするのもオススメです。

整理されたフォルダ

タイムラインを整理する

　タイムラインも散らかりがちです。うっかりしていると、使っていないレイヤーなどがどんどん増えていってしまいます。そういったときは、一度コンポジションを複製してから、不要なレイヤーを積極的に消去しましょう。複製を残しておけば、何かあってもデータを復元することができます。レイヤーのコピー＆ペーストは、コンポジションを越えて行うことが可能です。

　また、タイムラインのレイヤー数は、多くても30レイヤーまでになるようにしましょう。それ以上の数になると管理しきれなくなります。第7章で解説するプリコンプ（→ p.210 参照）とプリレンダー（→ p.214 参照）を活用して、できるだけスマートなタイムラインづくりを心がけていきましょう。

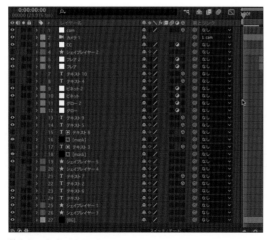

散らかったタイムライン

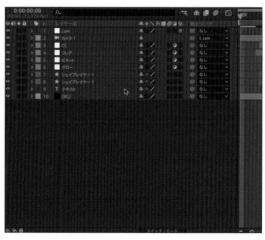

スマートなタイムライン

ラベルを使って色分けする

各レイヤーの A/V 機能のスイッチの隣には、ラベルの項目があります。これはタイムライン上でのレイヤー色を管理するために使います。レンダリング結果にラベルの色は一切影響しません。

レイヤー名の左隣にある、色の付いている四角い枠がラベルカラーの変更ボタンです。

トラックマットで組み合わせているレイヤーを同系色にする、背景素材とメインアニメーションを色分けするなど、使い方はさまざまです。色分けを上手に使ってレイヤーを整理していきましょう。

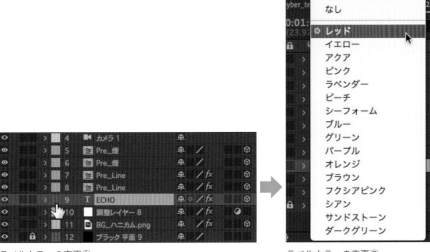

ラベルカラーの変更①　　　　　　　　　　　　　　ラベルカラーの変更②

ソロビューを活用する

特定のレイヤーだけ確認したいときは、ソロビューが有効です（→ p.132 参照）。A/V 機能のスイッチの列にある丸ボタンです。これを使えば、ソロビューがオンになっているレイヤーだけコンポジションパネルに表示することができます。複数のレイヤーがある状況で、集中して作業をする際に便利です。

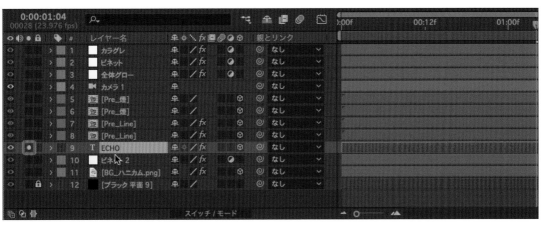

ソロビュー

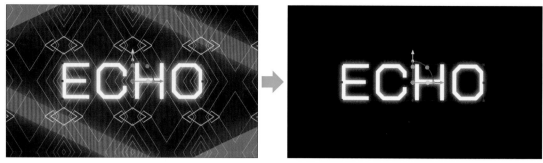

ソロビューの結果

コンポジションのタブを閉じる

タイムラインパネル上部にはコンポジションのタブがあります。ここには、開いているコンポジションの名前が並んで表示されています。

現在表示しているタイムラインパネルには、タブの下部にラインが表示されます。他のタブをクリックすれば、コンポジションをスムーズに切り替えることができます。

ただし、作業に集中しているといつの間にかタブを開きすぎてしまっていることもあるので、使用していないタブはなるべく閉じるようにしましょう。タブの左側にある［×］ボタンでタブを閉じることができます。また、タブの右側の三本線をクリックして［グループ内の他のパネルを閉じる］をクリックすると、選択しているタブを除くすべてのタブを一括で閉じることできるので便利です。

コンポジションのタブ

グループ内の他のパネルを閉じる

第6章まとめ

　お疲れさまでした！　今回の章は、アニメーションプリセットとエフェクト、そしてエクスプレッションでサイバーなテキストアニメーションを作っていきました。

　エフェクトとエクスプレッションは、After Effects を使う上でとても重要な要素です。この章で覚えたことだけでも、さまざまな映像表現ができるようになっているはずです。ぜひ、今回勉強したテクニックを使って、アレンジ作品を作ってみてください！　オリジナル作品を作ってみるとかなり習得率も上がってきます。

　次の章では After Effects の醍醐味である「3D レイヤー」について勉強します。その他、「カメラレイヤー」「ライトレイヤー」についても学ぶことができます。クオリティーの高い映像が作れるようになるので楽しみにしていてください。

▶ アレンジに挑戦！

　チュートリアル通り作れるようになったら、次は自分なりにアレンジしてオリジナルの作品を作ってみましょう。それが一番の練習になります！

　アレンジ作品を作ったら、「＃サンゼ AE」を付けてツイートしてくれたら、サンゼが「いいね」を押しにいきます！　投稿してくださった作品は、まとめてサンゼのツイッターアカウントで紹介します！

アレンジのヒント

・テキストの内容を変更
・テキストラインをアクセントに
・エフェクトの「タービュレントノイズ」と「時間置き換え」を組み合わせてグリッチな印象に

Column **データが散らかるのは保留にしている（何も決めていない）から？**

　なかなかデータが片付かないのは、「決断することを保留にしてるから」かもしれません。例えば、コンポジションの中のレイヤー数が多いときに、使っていないレイヤーを削除する決心がつかないことが原因の1つだったりします。実際に映像制作をしていると、カット・アニメーションの尺やデザインが決められないなんてことはよくあります。しかし、全部を保留して作業をすると、必然的にデータが散らかっていきます。

　そんなときは勇気を持って、「仮でもいいから一回決断する」ということをやってみてください。散らかったままではいつまでも、コンポジションの中も、頭の中も整理されていきません。一度決断してみて、とりあえず整理して進める。もし、整理のやり方を間違えたと感じたら、過去のデータを遡ればよいのです。作業データをバージョニング（→ p.36 参照）して保存していれば、いつでも過去のデータに遡って修正することができます。

　映像制作・アニメーション制作は、トライ＆エラーの繰り返しでできています。間違ってしまうこと自体は、ミスではありません。何度も修正ができることが、コンピューターで作業している強みであるとも言えます。間違いながら間違いに気付き、正しい道を選択していくことが大切です。

第7章

3D レイヤーを使って奥行きの ある空間を作ってみよう！

この章で学べること

　今回の章では、After Effects の醍醐味でもある 3D レイヤーについて学んでいきます。奥行き（Z 軸）を使ってレイヤーを立体的に配置します。この章をやったら After Effects にハマること間違いなしです。
　さらに「エフェクト」や「カラーグレーディング」などについても学ぶことで、楽しくステップアップできます。

3D レイヤーを使って
奥行きのある空間を作ってみよう！

Chapter Sheet

3D レイヤーで空間を作成する

- 全体のイメージをつかむ
- コンポジションを複製
- 3D レイヤースイッチ
- 背景レイヤーを Z 軸で奥にする

カメラレイヤーで撮影する

- カメラ設定
- カメラにアニメーションを付ける
- カメラツールの違い

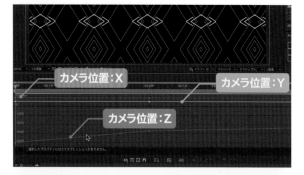

- カメラの動きを調整

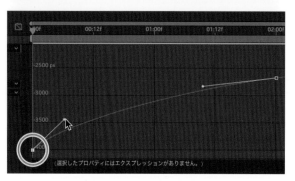

カメラの動きを滑らかにする

- 位置を次元分割
- 値グラフでアニメーションを調整
- 速度グラフを用いた方法は
  第 8 章で紹介

パーツを 3D レイヤーで作成する

- 背景レイヤーに色を付ける
- シェイプレイヤーでラインを作成
- プリコンポジション（プリコンプ）

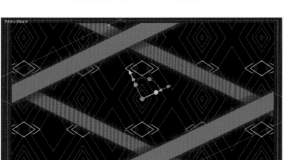

- カメラに反応するのは
  3D レイヤーのみ
- プレビュー画質を下げて動きの確認
- ラインを Z 軸で手前にする
- ラインにグローを適用

空気感を出して質感をアップする

- 画面全体にグローを適用
- 煙を作成
- 煙とラインをスクリーンで描画する

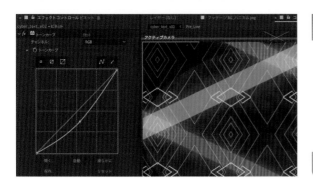

カラーの演出

- ビネット（周辺減光）で立体感を出す
- カラーグレーディングで色味を調整
- 完成！

動画視聴お疲れさまでした！

7-1 シーンの整理

　第7章のチュートリアル動画では、いよいよ After Effects の醍醐味である 3D レイヤーを活用して、Z軸（奥行き）を使ったアニメーションを作成しました。初めての要素なので難しく感じたかもしれませんが、レイヤーの順列をイメージしながら作業していけば大丈夫です。

　「3D レイヤー」の具体的な使い方などは次の節から説明していきますが、先にシーン全体のイメージを紹介します。

シーン全体の前後関係をつかむ

　3D 空間を使ったアニメーション作成をするときは、前後関係の把握が大切です。下図を参考にしながら整理してみてください。これは、今回のシーンを横から見たときのイメージです。

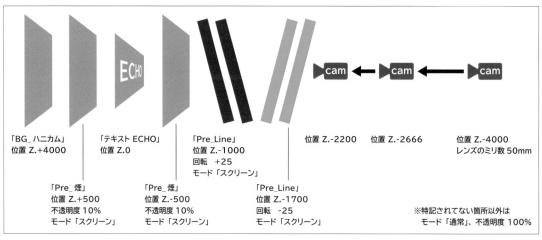

| 「BG_ハニカム」
位置 Z.+4000 | 「テキスト ECHO」
位置 Z.0 | 「Pre_Line」
位置 Z.-1000
回転 +25
モード「スクリーン」 | 位置 Z.-2200 | 位置 Z.-2666 | 位置 Z.-4000
レンズのミリ数 50mm |

「Pre_煙」位置 Z.+500 不透明度 10% モード「スクリーン」　「Pre_煙」位置 Z.-500 不透明度 10% モード「スクリーン」　「Pre_Line」位置 Z.-1700 回転 -25 モード「スクリーン」　※特記されてない箇所以外は モード「通常」、不透明度 100%

シーンを横から見たイメージ

Z軸で前後関係を分けるときのポイント

　メインで見せたいのは、前章でアニメーションさせた「ECHO」の文字です。メインのものはシーンの中心点に置きたいので、位置「960,540,0」といったように、Z軸は0にしておきましょう。

　今回のポイントはカメラアニメーションにあります。カメラアニメーションを効果的に見せるためには、他のレイヤーのZ軸を使って前後関係を作っておくとよいでしょう。今回のシーンで言えば、テキストの「ECHO」を挟むように「Pre_煙」レイヤーを配置しました。これだけでは遠近感の表現が甘いので、最奥に「BG_ハニカム」を配置しています。さらにカメラが直進してくる手前には、赤と青のラインである「Pre_Line」を使用して2段階手前のオブジェクトを用意しました。

　カメラアニメーションをする際は、カメラの近くにレイヤーを配置するほどダイナミックな動きをします。また、少しバラツキのある前後関係にしておくと効果的です。このことを念頭に置いて作業すると、3D 空間の構築がよりスムーズになるかと思います。

タイムラインパネルのレイヤーの順列

レイヤーを整理するときのポイント

タイムライン上での順列は、3D空間の前後関係に影響しません。しかし混乱を避けるためにも、3D空間上で奥に置いたレイヤーはタイムラインの階層でも一番下に置くなど、タイムライン上の順列はZ軸の前後関係を考慮したものにしておくのがオススメです。

After Effectsの3Dレイヤーは、2Dレイヤーを越えることができない仕様になっています。したがって、タイムライン上で3Dレイヤー同士のレイヤー階層が整理されていない状態で間に2Dレイヤーを挟むと、3Dレイヤーとしての正しい前後関係の見た目が破綻してしまいます。このような観点からも、レイヤーはZ軸の前後関係で整理し、2Dレイヤーと3Dレイヤーが互い違いではなく、なるべくブロックになるように意識するとよいでしょう。

一般的には、3Dレイヤーの下の階層にベタ塗りの背景用として2Dレイヤーで「ブラック平面」などを置きます。そして、3Dレイヤーの上の階層で、2Dレイヤーの調整レイヤー等によってカラコレ（→ p.219参照）やグローを行って質感を足していくケースが多いかと思います。

💡 マメ知識　ベタ塗り用に平面レイヤーを一番下に置く理由

通常はコンポジション設定で、背景色をブラックにしていることが多いと思います。この状態だと、見た目では背景が黒く見えていますが、データ上は透明の背景として扱われます。そのため、調整レイヤーを使用して画面全体にグローのエフェクトをかけたりすると、エフェクト上の処理が正しく行われません。

そこで、背景に平面レイヤーを使ってブラックを敷くことで、正しくエフェクトの処理ができるようになります。

7-2 3Dレイヤー

今回のチュートリアルでは「3Dレイヤー」「カメラレイヤー」「ライトレイヤー」「シェイプレイヤー」「調整レイヤー」など、さまざまなレイヤーを使いました。まずは「3Dレイヤー」についておさらいしていきましょう。

3Dレイヤーって何?

3Dレイヤーとは、レイヤーにZ軸（奥行き）を持たせたものです。通常のAfter Effectsのコンポジションでは、X軸（横）とY軸（縦）の2次元でレイアウトを調整していきますが、3Dレイヤーに変換するとZ軸（奥行き）が加えられた3D空間上に配置することが可能になります。レイヤーの回転軸も追加されるため、レイヤーをカメラに対して斜めに配置するなど、パース（遠近）感の付いた立体的な画作りができます。

またライトレイヤー（→ p.195 参照）と組み合わせて使用することで、シーン全体のライティングを行うこともできます。

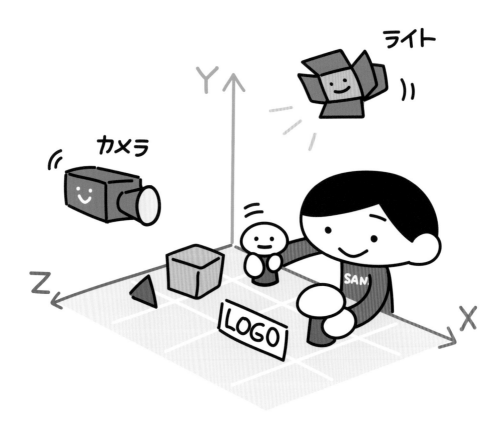

3D レイヤーの作成

「3D レイヤースイッチ」をオンにすることで、既存の 2D レイヤーを 3D レイヤーに変換すること
ができます。トランスフォームの「位置」に、レイヤーの奥行きを管理する Z 軸が追加されます。

3D レイヤースイッチ

Z 軸が追加された様子

　3D レイヤーにすることで、レイヤーの「回転」のパラメーターも変化し、「X 回転」「Y 回転」「Z
回転」「方向」が追加されます。これによってレイヤーに遠近感のある立体的な表現が可能になりま
す。下の画像は、通常の 2D レイヤーと 3D レイヤーで角度を付けた状態を比較したものです。

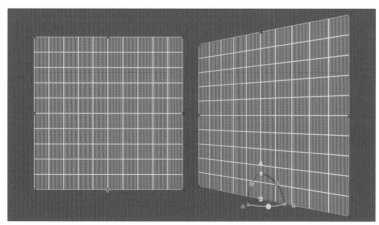

2D レイヤー（左）と 3D レイヤー（右）で回転

> **!注意！**
>
> 　「3D レイヤースイッチ」をオフにするときは注意が必要です。3D レイヤー特有の Z 軸や回転軸に数
> 値やアニメーションを入れた後、3D レイヤーを 2D レイヤーに戻してしまうと、入力した数値がパラ
> メーターごと消去されてしまいます。

7-3 カメラレイヤー

カメラレイヤーって何？

カメラレイヤーとは、コンポジション上に置いた 3D レイヤーを撮影することができる機能です。今回のチュートリアルでも、コンポジション内に配置された 3D レイヤーをカメラレイヤーで撮影しています。

カメラレイヤーを使うと、3D レイヤーをさまざまなアングルから見ることができます。3D レイヤーとカメラレイヤーを組み合わせて操作することで、「これぞ After Effects!」といったダイナミックな映像作りが可能になります。

なお、カメラレイヤーは表示状態にしておかないとカメラとして機能しません。また、2D レイヤーのままだとカメラレイヤーに反応しません。

> **! 注意！**
>
> カメラレイヤーを作成すると、コンポジションパネルはカメラからの「アクティブカメラ」からの視点に切り替わるため、カメラレイヤー自体は表示されません。カスタムビュー（→ p.193 参照）などで別のアングルから見ると、カメラレイヤーが空間にあることがわかります。

カメラレイヤーの作成

カメラレイヤーは、タイムラインパネルを右クリック→［新規］→［カメラ］から作成できます。ショートカットは［⌘＋ Option ＋ Shift ＋ C］です。

カメラレイヤーの横にはカメラアイコンが表示されます。また、「ビデオの表示 / 非表示」（目のマーク）が付いていることを忘れずに確認しましょう。

カメラレイヤーの作成

タイムラインパネルでの見え方

◤ カメラ設定

　カメラレイヤーを作成すると「カメラ設定」のウィンドウが開き、カメラの設定を変更することができます（→ p.232 参照）。一度設定を行った後でも、作成したカメラレイヤーをダブルクリックすれば、再度「カメラ設定」のウィンドウを開くことができます。

　現実のカメラと同様にレンズの概念があり、レンズのミリ数を調整することでレイヤーの見え方が変わります。一眼レフカメラで撮影をした経験がある方は、親しみやすいかもしれません。一般的に、ミリ数が小さい方がワイドレンズで画が広くなり、ミリ数が大きいほうがズームレンズで画が狭くなると覚えておいてください。カメラのミリ数の設定は、カメラアニメーションやオブジェクトの配置に大きな影響を及ぼします。なるべく早いタイミングで設定を行うことを心がけておきましょう。

　「1 ノードカメラ」と「2 ノードカメラ」については後ほど詳しくご説明しますが（→ p.238 参照）、基本的には 2 ノードを選択した方が使い勝手がよいかと思います。

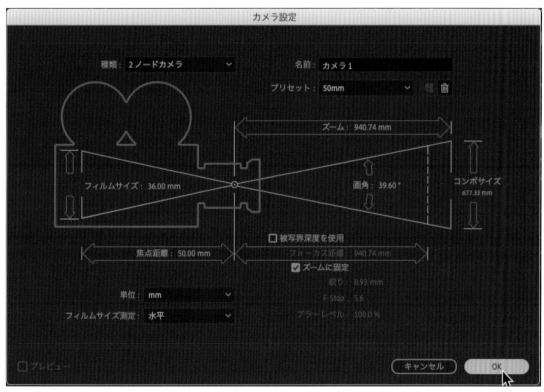

カメラ設定

カメラツール

カメラツールは、「周回ツール」「上下の
パンツール」「前後のドリーツール」に分
かれています。この3つのツールを切り替
えながら、カメラのアングルを調整します。
カメラツールを選択した状態で、ショート
カット[C]を押すことで切り替えが可能
です。

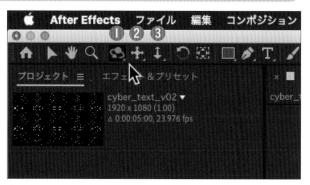

カメラツール

> ❶周回ツール：クリックした箇所を中
> 心点にカメラを回転させる
> ❷上下のパンツール：カメラを上下左
> 右に移動させる
> ❸前後のドリーツール：カメラを前後
> に移動させる

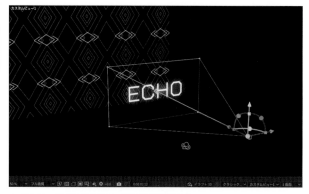

カメラツールで自由にアングルを変更できる

ビューの切り替え

3Dレイヤーとカメラを操作するときは**ビュー**が大切
な役割をします。3Dレイヤー同士の位置関係を真上か
ら俯瞰する「トップビュー」や、真横から見る「ライ
トビュー」などを使えば、位置関係が把握しやすくな
ります。ビューはコンポジションパネルの下部のドロッ
プダウンメニューから切り替えが可能です。

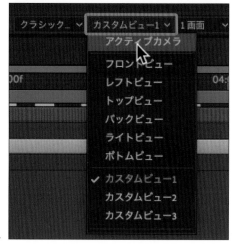

ビューの切り替え

■「アクティブカメラ」が基本

　カメラレイヤーを追加すると、デフォルトでは「アクティブカメラ」が選択されます。「アクティブカメラ」での見え方は、最終的にレンダリングされる映像と同じです。

　レイヤーの順列を確認する際は、「トップビュー」や「ライトビュー」などを活用すると前後関係を把握しやすくなります。

　また「カスタムビュー」を使用すると、先ほど紹介したカメラツール（→ p.192 参照）と組み合わせて、さまざまな角度から 3D 空間の把握と見た目の確認をすることができます。

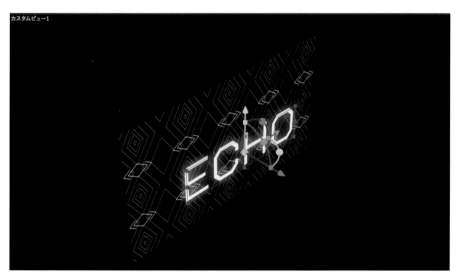

カスタムビュー

■ ビューの 2 画面表示

　コンポジション下部のドロップダウンメニューから「2 画面」を選択すると、ビューワーが分割されます。最大 4 画面まで分割して表示が可能です。インジケーターをドラッグすると、複数画面が連動して動きます。

　分割した個別のビューワーを選択するには、分割されたコンポジション画面をクリックします。選択しているビューワーの四方には、青い選択マークが出ています。

　この機能を活用すれば、別々のビューを同時に見ながら、アニメーションや 3D レイヤーの前後関係を確認できます。例えば、「ライトビュー」でレイヤーの前後関係を把握しながら、「アクティブカメラ」で最終のカメラワークを調整することなども可能です。

ビューの分割

2 画面表示

💡 **マメ知識 「カスタムビュー」からカメラを作成**

「カスタムビュー」からカメラを作成することも可能です。上部メニューの［ビュー］→［3D ビューからカメラを作成］をクリックすると、「カスタムビュー」で見ていた位置にカメラを作成することができます。「カスタムビュー」を使用しているときに、偶然良いアングルが見つかった場合などで活用できます。

3D ビューからカメラを作成

7-4 ライトレイヤー

ライトレイヤーって何?

ライトレイヤーを使うと、3D レイヤーに対して照明を当てることができます。ライトレイヤーは、2D レイヤーには反応しません。明るさはライトレイヤーと 3D レイヤーの距離や強度（明るさ）によって変わります。ライトに近いレイヤーは明るく、ライトから遠いレイヤーは暗くなります。

ライトレイヤーを作成すると、コンポジションパネルにはライトの種類に応じたライトオブジェクトが作成されます。

ライトレイヤー

3D レイヤーと組み合わせることで、現実の空間で照明機材を使ってライティングをしたような立体的な画作りが簡単にできます。ライトに照らされたレイヤーには自然と立体感のあるグラデーションが付きます。ただし、ライティングの作業は奥が深く、時間がかかるので、ペース配分を意識することが重要です。

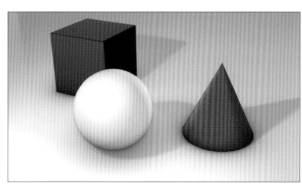

光が立体感を生む

ライトレイヤーの作成

　ライトレイヤーは、タイムラインパネルを右クリック→［新規］→［ライト］から作成できます。ショートカットは［⌘＋ Option ＋ Shift ＋ L］です。

　ライトレイヤーの横には、ライトアイコンが表示されます。

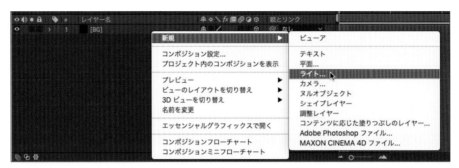

ライトレイヤーの作成

タイムラインパネルでの見え方

> **⚠ 注意！**
>
> 　カメラレイヤーとライトレイヤーは、2D レイヤーには影響しません。コンポジション内に 3D レイヤーがない状態で、カメラレイヤーやライトレイヤーを作成すると警告が表示されます。
>
>
>
> 警告

ライト設定

　ライトを作成すると、「ライト設定」ウィンドウが開きます。このウィンドウでライトの種類や明るさなどを調整していきます。ライトの種類と設定は、ライトレイヤーをダブルクリックすれば後からいつでも変更が可能です。

　すべてのライトで共通して、「カラー」ではライトの色、「強度」ではライトの明るさが調整できます。その他にも、ライトの種類ごとに特有のパラメーターがあります。また、ライトの影響を受けて影を落とすことも可能です（→ p.200 参照）。

ライト設定

名前： スポット ライト 1

設定

ライトの種類： スポット

カラー：

強度： 103 %

円錐頂角： 64 °

円錐ぼかし： 73 %

フォールオフ： なし

半径： 500

フォールオフの距離： 500

☑ シャドウを落とす

シャドウの暗さ： 100 %

シャドウの拡散： 94 px

注意：「シャドウを落とす」をオンにしたレイヤーのシャドウは、「シャドウを受ける」がオンになっているレイヤー上に反映されます。

☐ プレビュー   （ キャンセル ）   （ OK ）

ライト設定

💡 マメ知識　ライトレイヤーの向き

ライトレイヤーの位置や方向は、ライトのトランスフォーム（→ p.97 参照）で調整できます。また、選択ツールを使ってフリーハンドで行うことも可能です。

3D レイヤーとライトレイヤーの位置関係を把握するには、前の節で紹介した「2 画面表示」（→ p.193 参照）などを取り入れるとスムーズです。

7

たよれるライトレイヤー！

After Effects には 4 種類のライトがあります。ライトの種類に応じて、いくつかのパラメーターがアクティブになります。

・平行ライト

拡散せず一方向に光が当たります。くっきりした輪郭の影を出したいときなどに使用します。

平行ライト

・スポットライト

指向性（光の向き）を設定できます。平行ライトとは違い、影の輪郭やライトの当たる範囲がぼやけてリアルな見た目になります。

スポットライト

・ポイントライト

スポットライトとは異なり、指向性のない（全方向に広がる）光です。電球をイメージするとわかりやすいかもしれません。

ポイントライト

・アンビエントライト

全体の明るさの強さを調整するライトです。位置や減衰などはなく、影もできません。

アンビエントライト

マテリアルオプション

　2D レイヤーを 3D レイヤー変換すると、レイヤープロパティにトランスフォームの項目とは別に、**マテリアルオプション**というレイヤーの質感をコントロールする項目が増えます。

　マテリアルオプションは、主にはライトの影響と影の調整をする際に使用します。レイヤーを選択後、ショートカットの［A］キーを 2 回押すことで、マテリアルオプションにアクセスすることもできます。

マテリアルオプション

🔲 ライトのシャドウ

　ライトには「シャドウ」（影）という項目もあり、レイヤーに影を落とす表現ができます。レイヤー単位でライトの影響を受けるかどうかや、影を落とすかどうかなどを調整できます。

　影を落としたい場合は、次のように行います。

①ライトレイヤーの「ライトオプション」
　から「シャドウを落とす」をオンにする
②影を発生させるレイヤーの「マテリアル
　オプション」の「シャドウを落とす」を
　オンにする
③影を受けるレイヤーの「マテリアルオプ
　ション」の「シャドウを受ける」をオン
　にする

①ライトレイヤー

②影を発生させるレイヤー

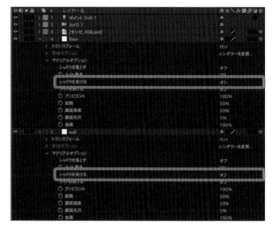
③影を受けるレイヤー

　今回のチュートリアルではライトレイヤーを使用しませんでしたが、完成画像のような画作りが簡単にできます。ぜひ試してみてください。

完成画像

3点ライティングを修得！

　タイムライン上では、複数のライトレイヤーを使用することができます。この節では基本的なライトの使い方をご説明しましたが、実際には「スポットライト」と「ポイントライト」など複数のライトを組み合わせながら、自分好みのライティングを実現していくことになります。また、ライトのバランスを作ってから全体的に画面を明るくしたいときは、「アンビエントライト」を使用します。ライティングのセオリーはとても奥が深いので、興味がある方はぜひ調べてみてください。

　ここではポイントの1つとして、**3点ライティング**をご紹介します。3点ライティングでは、次の3つのライトを使用します。

> キーライト：メインになるライト
> フィルライト：影を緩和するライト
> バックライト：対象物の背後から当てるライト（輪郭を強調）

　下の画像は、ライトの効果がわかりやすいように「Element 3D」という外部プラグインを使用して、After Effects 上で 3D のオブジェクトを表示させている様子です。

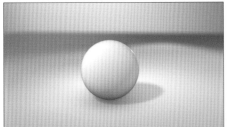

3点ライティングの結果

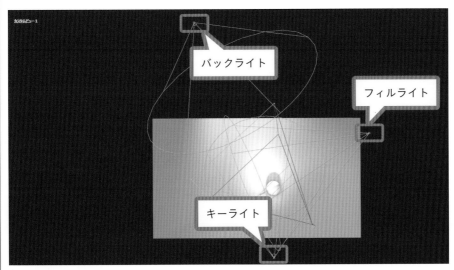

ライトの配置の俯瞰図

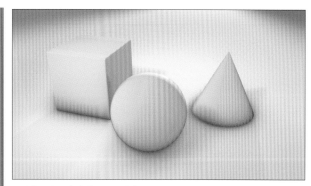

ライトごとに色を変えると面白い見た目になる

ライトで色味が変わってしまうことを避けたい場合

　厳密な色の規定がある企業のロゴを使用する場合などは、クリエイター側での色味の変更が禁止されていることがあります。このようなときは、ライトレイヤーの影響で色味が変わってしまうことのないように、「マテリアルオプション」で「ライトを受ける」をオフにしましょう。これによってこのレイヤーはライトの影響を受けない状態になり、複雑にライティングした空間でも任意のレイヤーをオリジナルのカラーに保つことができます。

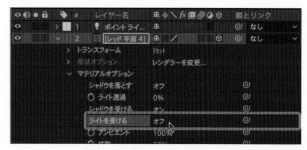

「ライトを受ける」をオフにする

　下の画像の左のキャラクターは「ライトを受ける」がオンなので少し色味が変わっているのに対し、右のキャラクターはオフなので色味が保持されています。

「ライトを受ける」が
オン（左）とオフ（右）

7-5 調整レイヤー・シェイプレイヤー

調整レイヤーって何?

調整レイヤーは、透明な状態で作成されるレイヤーです。Instagram のフィルターのように、カット全体の色味を調整(→ p.219 参照)する際や、カット全体にグローなどのエフェクトをかけたりする際に使用します。

調整レイヤーにエフェクトを適用すると、調整レイヤーより下にあるレイヤーに効果が適用されます。

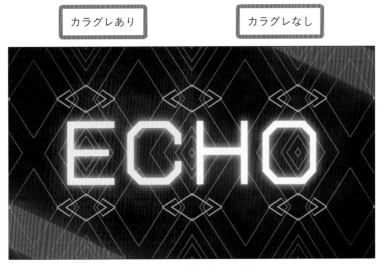

調整レイヤーで半分だけカラグレ(→ p.219 参照)した様子

調整レイヤーの作成

調整レイヤーは、タイムラインパネルを右クリック→[新規]→[調整レイヤー]から作成できます。ショートカットは[⌘+ Option + Y]です。

調整レイヤーの作成

203

■ シーン全体に薄くグローをかける

　次の画像は、調整レイヤーを使って画面全体にグローをかけた様子です。レイヤーごとに色味のバランスを整えた後に、カット全体に薄くグローをかけると、画面全体に少し光が回り込んだような空気感が生まれます。ほんの少しの違いですが、小さいことの積み重ねで少しずつ映像がリッチに見えてきます。

画面全体にグローをかけて空気感を出す

■ シェイプレイヤーって何？

　シェイプレイヤーは、さまざまな図形を描画することができるレイヤーです。今回のチュートリアル動画では、クロスしたネオンを作る際に使用しました。

シェイプレイヤーで描画した図形

シェイプレイヤーの作成

ツールパネル上のペンツールや長方形ツールを使って、さまざまな形状のシェイプレイヤーを作成できます。ここでは一例として、スターを作ってみましょう。

---

①「長方形ツール」を長押ししてドラッグすると、「スターツール」が選択できる
②コンポジションパネル上をドラッグしてパスを描く
③パスを描くと自動的にタイムラインパネルにシェイプレイヤーが作成される

⚠ 注意！

長方形ツール等は、平面レイヤーや調整レイヤーを選択した状態ではマスクツール（→ p.208 参照）として機能してしまいます。

①スターツールを選択

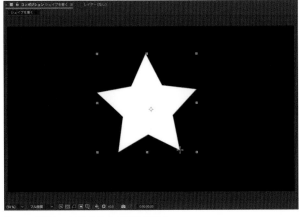

②コンポジションパネル上でパスを描く

💡 マメ知識　正方形や正円を描く

パスを描く際に［Shift］キーを押しながらドラッグすると、縦横の比率が均一な正方形や正円を簡単に描画できます。

③タイムラインに自動的にシェイプレイヤーが生成される

■ 属性を追加

シェイプレイヤーは、パラメーターの［コンテンツ］→［追加］からさまざまな属性を追加することができます。大きく3つのブロックに分かれており、上のブロックが形の形成、真ん中のブロックが色味や線の調整、下のブロックがパスに対して歪みや複製などの加工を行うブロックです。

それぞれのパラメーターは、追加後も変更が可能です。また追加後に必要がなくなった場合は、［Delete］で削除することができます。

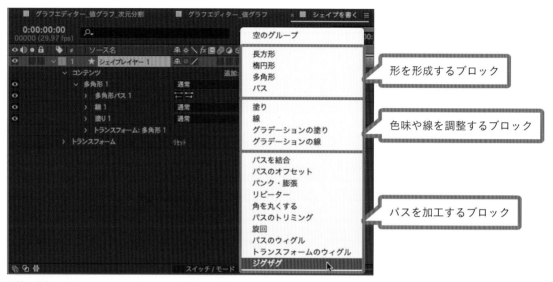

属性の追加

スターにジグザグを追加

■ タイムライン上で空のシェイプレイヤーを作成

タイムラインパネルを右クリック→［新規］→［シェイプレイヤー］でも空のシェイプレイヤーを作成できます。パラメーターの［コンテンツ］→［追加］から「長方形」などを選択してシェイプを作成します。

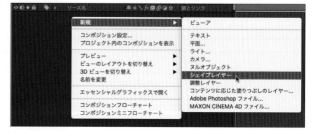

タイムライン上でシェイプレイヤーを作成

ペンツール

ペンツールは、他の長方形ツールなどと同様に、シェイプレイヤーやマスク（→ p.208 参照）を作成することができます。

ペンツールは、パスを描写するツールと、パスを編集するツールの 2 つで構成されています。ツールアイコンを長押しすると、ペンツールのほかにマスクパスを編集するための各種ツールが表示されます。

ペンツールを選択すると、コンポジションパネルでパスを描くことができます。長方形ツールと違い、フリーハンドで描画します。描画したパスはあとで編集することができます。

ペンツール：パスを描画する

頂点を追加ツール：セグメントの頂点を追加する

頂点を削除ツール：頂点を削除する

頂点を切り替えツール：スムーズポイントとコーナーポイントを切り替える

マスクの境界線のぼかしツール：描画したマスクの境界線を部分的に動かす

ペンツール

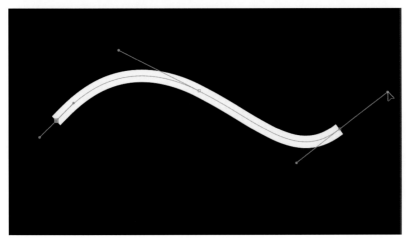

ペンツールで作図している様子

7-6 マスク

マスクって何？

マスクとは、レイヤーの任意の箇所をペンツールなどで囲み、囲んだ箇所のみを表示させることができる機能です。マスクを作成することを、業界用語では「マスク切り」ともいいます。

チュートリアル動画では、調整レイヤーとマスクを組み合わせてビネット効果を作成しました。ビネットとはカメラレンズの周辺減光のことで、画面の四隅を暗く落とすことで再現できます。

シェイプレイヤーとの違い

マスクを作成する際は、シェイプレイヤー（→ p.204 参照）と同様にペンツールや長方形ツールを使います。そのため、マスクとシェイプレイヤーを混同してしまいがちですが、役割が異なります。シェイプレイヤーは「オブジェクトを作成する」ことを目的としていますが、マスクは映像や静止画を「切り分ける」ことを目的としています。

また、ツールの使用前にレイヤーを選択しているかどうかで、マスクになるかシェイプになるかが変わります。レイヤーを選択しながらシェイプを描くとマスクになり、レイヤーを選択せずにシェイプを描くとシェイプレイヤーとして新規のレイヤーが作成されます。

レイヤーに適用されているマスクは、コンポジション下部にある RGB チャンネルの切り替えで「アルファ」表示にすることでも確認できます。マスクは基本的に白が不透明、黒が透明になるというルールがあります。

マスクの重ね方

1 つのレイヤーに対して、複数のマスクを作成して組み合わせることができます。

マスクを作成したレイヤーには、レイヤープロパティに「マスク」という項目が追加されます。マスクを生成した順番ごとに「マスク1」「マスク2」と名前が付いていきます。レイヤーなどと同様に、[Enter] キーを押すことでマスクの名前をリネームすることが可能です。これによって、複数のマスクによって形成されたマスクの管理がしやすくなります。

マスクにはそれぞれ加算や減算などのモードがあり、それらを組み合わせてマスク同士を足したり引いたりすることで、より効率的にマスクが作成できます。

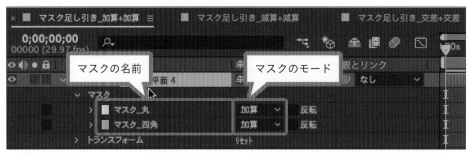

マスクの名前とモード

加算・減算・交差

　次の画像は、白い平面レイヤーに対して四角と丸の2つのマスクを用意したものです。白い部分が切り取られて残った部分で、黒い部分がマスクによってカットアウトされた部分です。同じマスクの組み合わせでも、マスクのモードによって結果が異なることがわかります。

・加算

　加算はマスクの足し算です。2つのマスクで囲まれた部分がそれぞれ白く表示されて残っているのがわかります。

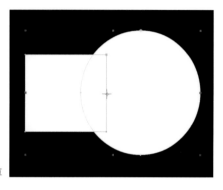

加算と加算

・減算

　減算はマスクの引き算です。2つのマスクで囲まれた部分がそれぞれ黒く表示されてくり抜かれているのがわかります。

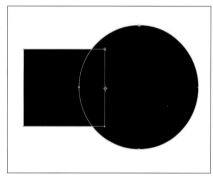

減算と減算

・交差

　交差は複数のマスクの共通した箇所だけ残すことができます。丸と四角の2つのマスクで囲まれた部分がそれぞれ白く表示されて残っているのがわかります。

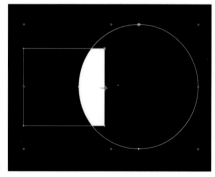

交差と交差

Column　マスクの作り方はさまざま

　マスクの重ね方に関しては、切りたい形によって組み合わせの答えがまったく変わります。自分でマスクを作成して、モードを切り替えながらコツをつかんでいくことが1番の近道かと思います。

　上手にマスクを描くコツの1つは、「輪郭を一筆書きで描かない」いうことです。上の「交差」のように、なるべくシンプルなシェイプをかけ合わせてマスキングすることを心がけましょう。修正作業にかかる手間が減り、作業時間の短縮につながります。

7-7 プリコンポジション

プリコンポジションって何？

コンポジションの中にマトリョーシカのように入れ子状態になったコンポジションを**プリコンポジション**（プリコンプ）と呼びます。またこの「プリコンプ」の形式にまとめる作業のことを**プリコンポーズ**と呼びます。

プリコンポジションの意味合いは、Pre（あらかじめ）Composition（構成する）です。一見するとPhotoshopなどの「グループ化」にも似ていますが、プリコンプすると3Dレイヤーの前後関係の情報はメインコンプ（→ p.212 参照）へ引き継げなくなります。コンポジションを動画として一度書き出し処理した状態に似ています。

複雑なコンポジションを作成する場合には、プリコンプの作成がポイントになってきます。用途としては、増えすぎたレイヤーをパーツごとに整理するために使うことが多くなります。また、後ほど説明する「プリレンダー」（→ p.214 参照）と組み合わせて小分けにレンダリングすることにより、作業全体のレンダリング時間を節約する効果があります。

プリコンポーズの手順

プリコンポーズは次のような手順で行います。

①プリコンポーズしたいレイヤーを複数選択して、ショートカット［⌘＋ Shift ＋ C］を押す
②「プリコンポーズ」ウィンドウで、「新規コンポジション名」を入力する。下の「すべての属性
を新規コンポジションに移動」と「選択したレイヤーの長さに合わせてコンポジションのデュ
レーションを調整する」の２つにチェックを入れて［OK］をクリック
③レイヤーがプリコンポジションにまとまる

複数選択して［⌘＋ Shift ＋ C］を押す

プリコンポーズの手順①

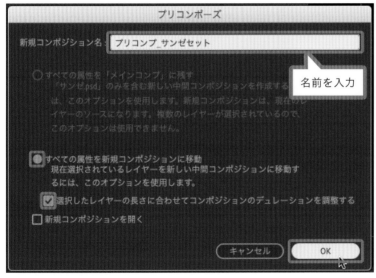

名前を入力

プリコンポーズの手順②

レイヤーがプリコンプにまとまる

プリコンポーズの手順③

メインコンポジションとプリコンポジション

プリコンポーズをすると、プロジェクトパネルに自動的に「プリコンポジション」として新しいコンポジションが作成されます。このとき、複数のプリコンポジションを束ねている大元のコンポジションを区別して、**メインコンポジション**（メインコンプ）と呼びます。作業しやすいように呼び方を変えているだけで、両方ともコンポジションであること自体は変わりません。

一般的に、メインコンポジションとプリコンポジションは次のように使い分けます。

> メインコンポジション：カット全体の構築用
> プリコンポジション：パーツの組み立て用

メインコンポジションとプリコンポジション

プリコンポーズのコツ

ここではプリコンポーズのコツをいくつか紹介します。

■ 最後にメインコンポジションで組み合わせる

ビギナーのうちは、いきなりメインコンポジション上でプリコンポーズを行うと混乱してしまうかもしれません。そこで、事前にパーツごとにプリコンポジションを作成して、最後にメインコンポジションに組み込んでいく方法がオススメです。ロボットのプラモデルをパーツごとに作り、後で合体させるイメージです。

🔖「Precomp」フォルダーで整理する

　プリコンポジションには、コンポジション名の頭に「Pre_」とリネームしておくと作業が効率化できます。また、After Effects で作業をしているとプリコンポジションがたくさん増えていくので、プロジェクトパネルに「Precomp」フォルダーを作って整理しておくとよいでしょう。

「Precomp」フォルダー

🔖 ミニフローチャートで前後関係を理解する

　プリコンポジションで階層化したコンポジションで作業しているとき、キーボードの［Tab］キーを押すとマウスカーソルがある場所にミニフローチャートが表示されます。

　ミニフローチャートは、コンポジションの階層を視覚的に把握しやすくするためのツールです。枝分かれしたミニフローチャートのコンポジション名をクリックすると、クリックしたコンポジションへすぐに移動できるので、コンポジション間の移動が簡単になります。

ミニフローチャート

7-8 プリレンダー

プリレンダーって何？

プリレンダーとは、プリコンプなどで小分けにしたコンポジションを Pre（あらかじめ）Render（書き出しする）という意味です。

プリレンダーはレンダリング時間を短縮する上でとても重要です。どんなにパワーのある PC を使っていても、メインコンプのレイヤー数が多いとレンダリングに時間がかかります。そこで、レイヤーを散らかしたまま作業するのではなくて、パーツごとにプリレンダーして、いったん動画ファイル化しておきましょう。この動画ファイルを再度 After Effects に読み込み直して作業することで、シーン全体のレンダリングの負荷が減り、アニメーションの調整がしやすくなります。

プリレンダーの手順

プリレンダーは、パーツごとに小分けに書き出しをして、再度書き出した動画ファイルを After Effects に読み込んで再配置という流れで行います。もう少し細かくステップとして分けると、次のようになります。

①メインコンポジションからパーツごとにプリコンポーズする（→ p.211 参照）
②プリコンプごとにレンダリングして書き出す（→ p.140 参照）
③書き出した MOV ファイルをレンダーファイル集約用のフォルダ（「04_Renders」など）に整理する
④整理したフォルダーから一度書き出した動画データを After Effects へ読み込み直す
⑤読み込んだプリレンダーファイルを、プロジェクトパネルからプリコンポジションへ [Option（Alt）] キーを押しながらドラッグする
⑥プリコンポジションとプリレンダーファイルが差し替わり、レンダー済みファイルでシーンが再構築される

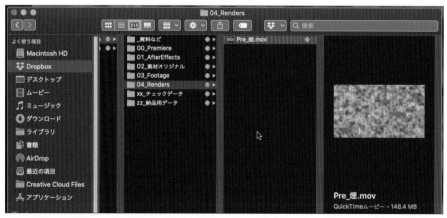

③レンダーファイル集約用のフォルダ（「04_Renders」など）に整理

[Option] キーを押しながらドラッグ

⑤[Option] キーを押しながらドラッグ

⑥プリコンポジションとプリレンダーファイルが差し替わる

Column **作品がクオリティアップしないのは中間ファイルを作らないから？**

　作業済みのアニメーションパーツやカット単位の合成素材を書き出したものを、プリレンダーと呼んだり**中間ファイル**と呼んだりします。中間ファイルを作成することで、全体のレンダリング時間を大幅に削減できます。すべてを最後にレンダリングすると途方もない時間がかかってしまうので、小分けにできるパーツを探して、こまめに書き出すことが大切です。

　映像制作においてレンダリング時間のマネジメントはとても大切な要素です。決められた作業時間内にたくさんの試行錯誤をすることが作品のクオリティアップにつながります。

　右のイラストは、中間ファイルの大切さをバスケで例えたものです。シュートを外したら毎回A地点からやり直さないといけない人と、シュートを外してもB地点からやり直せる人。同じ実力だったとして、どちらが得点を取りやすいですか？

7-9 レイヤーの描画モード

レイヤーの描画モードって何？

After Effects のレイヤーには、**描画モード**という項目があります。これは、レイヤーに対する合成方法を設定する機能で、レイヤーごとに設定を選択することができます。レイヤーの描画モードを変更すると、下のレイヤーに与える効果が変わります。

今回のチュートリアル動画では、煙素材やネオンをキレイにのせるために描画モードの「スクリーン」を使用しました。描画モードを使いこなせると多彩な画作りができるようになります。

描画モードの変更

描画モードは、初期状態では「通常」に設定されています。レイヤーの「モード」のドロップダウンメニューから他の描画モードを選択することで、下のレイヤーと重ねたときの描画の方法が変化します。なお、レイヤープロパティの「不透明度」を 100% にして描いたものは、下のレイヤーが透けません。

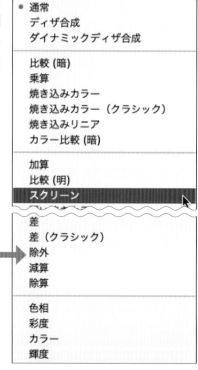

描画モードの変更

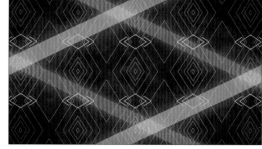

赤青ラインの描画モードが「通常」（左）と「スクリーン」（右）の場合

ポピュラーな描画モード

　描画モードにはさまざまな種類がありますが、本書では頻繁に使う描画モードに絞ってご紹介します。のせ方をいろいろと試してみて、見た目に違和感がなく、カッコよければ OK です！

> スクリーン：煙など白っぽいものやフレアなど光り物をのせるのにオススメ！
> 加算：さらにくっきりと光り物をのせたいときにオススメ！
> 乗算：下地（壁など）を生かしてロゴなどを合成するときにオススメ！
> 減算：モーショングラフィックスを実写などに減算でのせるとカッコいい！

森の背景素材　　　　　　　　　　　　　　　フレア素材

「スクリーン」でのせている様子
（光が柔らかくのる）

「加算」でのせている様子
（光が強くのる）

下地を生かしてのせるなら乗算

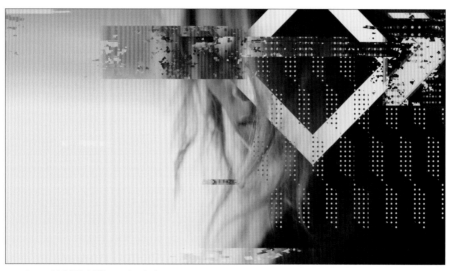

モーションは実写に減算でのせるとカッコいい！

 マメ知識　描画モードを素早く切り替える

描画モードを素早く切り替えるにはショートカットの［Shift + -］か［Shift + ^］がオススメです。レイヤーの「モード」のドロップダウンメニューを開かなくても、描画モードを変更できます。ミュージックビデオの編集などで、描画モードをパパッと確認したいときに便利です。

7-10 色味の調整

カラーグレーディングとカラーコレクションって何？

After Effects をはじめ、多くの映像加工ソフトでは映像の色味の調整を行うことができます。色味の調整作業のことを、カラーグレーディング（カラグレ）やカラーコレクション（カラコレ）と呼びます。一般的にこの2つの言葉は、色味を調整する目的によって使い分けられます。

> カラーグレーディング：演出色（映像に色で味付け）が目的
> カラーコレクション：色調補正（色味を整える）が目的

今回のチュートリアル動画では、映像の最終的な演出のためにカラーグレーディングをしました。色味の調整は、映像全体のトーンと印象を大きく変える要素になります。

カラーグレーディング

映像の色味は、映像全体の印象を大きく左右します。ホラー映画で映像の色味が暗く青みがかったものにする、古めかしい映像を表現するためにセピアカラーにするなどのケースがあります。このように、映像作品における色味の雰囲気作りや演出を**カラーグレーディング**（カラグレ）と呼びます。今回のチュートリアル動画では、デジタルっぽさが出すぎないようにあえて暗い部分を青っぽくして、明るい部分を黄色っぽくしました。

カラグレ前

カラグレ後

Column 色の分析と色の模倣

色の分析には、まずは次の点を意識することから始めるとよいでしょう。

> ・コントラストがどうなっているか？
> ・最も明るい部分（明部）と暗い部分（暗部）のレベルはどうか？
> ・明部・中間部・暗部にそれぞれどんな色がのっているか？

「Color Grading」といったワードなどで調べてみると、参考になる素敵なカラーグレーディングを見ることができます。奥が深い分野ではありますが、学べば学ぶほど映像の見た目も良くなっていきます。

カラーコレクション

カラーコレクション（カラコレ）は、色調補正のことです。例えば、撮影時間の関係で撮影したカットごとに明るさがバラバラで見づらい場合に、明るさのバラツキを緩和してカットごとのつながりを良くする色補正作業などが該当します。

他にも VFX の合成作業をしていて、背景映像とグリーンバック撮影した演者の色味がまったく合っていないと、いかにも合成したような印象になってしまいます。このときの色味のズレを調整するときにも、カラーコレクションが大切になってきます。

カラコレ前（合成したイラストが不自然に明るい）

カラコレ後（イラストと環境のトーンが合っている）

主なカラー補正エフェクト

カラーコレクション・カラーグレーディングで色を調整するために使うエフェクトを3つ紹介します。両方とも基本的に使用するエフェクトは同じです。ビギナーのうちは、まずこの3つの使い方を覚えましょう。

色の調整は、レイヤー単位で調整する場合もありますし、調整レイヤーを使って画面全体に行う場合もあります。

① 輝度＆コントラスト

明るさ（輝度）とコントラストを数値で調整します。

輝度＆コントラスト

② 色相 / 彩度

色の強さ（彩度）と方向性（色相）を調整します。

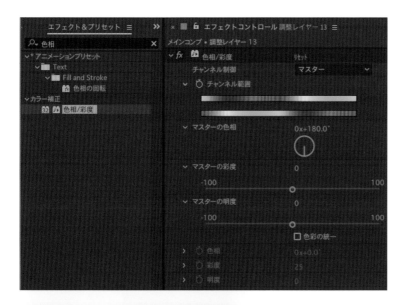

色相 / 彩度

③トーンカーブ

全体のコントラストと RGB のバランスを、トーンカーブで曲げることで調整します。

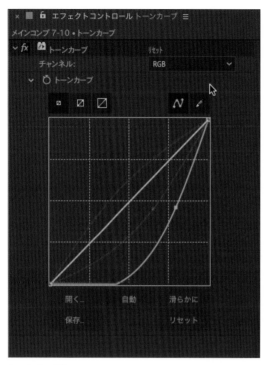

トーンカーブ

> 💡 **マメ知識　その他のカラー補正エフェクト**
>
> その他、カラー補正系のエフェクトは「エフェクト＆プリセット」の「カラー補正」のカテゴリーに入っています。色調補正のツールの挙動に関しては、体感的に覚えていくものが多いかと思います。トーンカーブ等は簡単に色を変更できる反面、数値化がしにくいため、体得するまでに時間がかかります。

Column Lumetri カラー

最近では、Premiere Pro と After Effects の両方で使える「Lumetri カラー」というエフェクトもあります。これまで紹介したカラーエフェクトを 1 つにまとめたような強力なツールで、多彩な色作りが可能です。

ただし、1 エフェクトの中で調整できる項目がたくさんあるため、ビギナーのうちは混乱するかもしれません。初めのうちは「トーンカーブ」や「色相 / 彩度」の組み合わせで、色味を整理していくとよいと思います。

Lumetri カラー

チャレンジ!

知ってるとドヤれる色の知識

ここから先は、中級者になったら覚えておいてほしい色についての知識を紹介します。

●色深度って何？

カラーコレクションを行う上では、色の信号についても理解しておく必要があります。

第3章でも光の三原色（RGB）についてお話しましたが（→ p.68 参照）、After Effects 上のすべての色味は RGB の組み合わせで決まります。**色深度**とは、チャンネルごとに表現できる色の多さ（深さ）です。After Effects の標準の色深度は 8bpc（bit per channel）になっています。8bpc では、1 チャンネル当たり 256 段階（2 の 8 乗）で表現できます。RGB のチャンネルにそれぞれこの 256 段階があるわけですから、8bpc では R（256 段階）×G（256 段階）×B（256 段階）＝ 16,777,216 色が表現できることになります。すごい数字ですよね。カラーパレットや情報パネルを見ると、RGB がそれぞれ 0 〜 255（256 段階）でできていることがわかります。

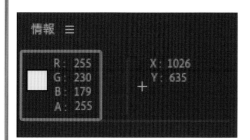

情報パネルの色深度表示

カラーパレットの色深度表示

●色深度の切り替え

After Effects では、色深度の切り替えが簡単にできます。プロジェクトウィンドウの下部にプロジェクト全体の色深度が表示されており、通常は「8bpc」となっています。ここを［Option（Alt）］キーを押しながらクリックすると「16bpc」という表示に変わります。繰り返すと「32bpc」になり、もう一度繰り返すと「8bpc」に戻ります。

色深度の切り替え

bpc の数が増えると、表現できる色の数が爆発的に増えます。16bpc だとなんと、約 281 兆色です。恐ろしく数字が増えてしまいました。そのため、8bpc から 16bpc にすると繊細な色表現ができるようになります。次の画像を見れば、色深度が増えるにつれて、色と色の間の区切りが細かくなっているのがわかるかと思います。

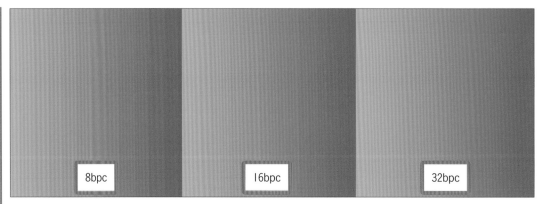

色深度の違い

🔸16bpc に切り替えるタイミング

　16bpc はグラデーションや光り物（フレアやグロー）の表現をする際に活用します。フレアやグローはグラデーションを生み出すエフェクトです。グラデーションは色の階調なので、表現できる色が増えれば増えるほど、キレイに描画できることになります。下の画像は同じ映像にグローのみをかけたものですが、16bpc（右）のグロー方が、8bpc（左）よりも柔らかくなっています。

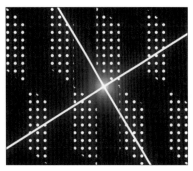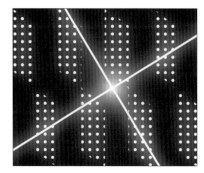

8bpc（左）と 16bpc（右）のグロー

🔸色深度を変更するときの注意点

　色深度を変更するときは、以下の 3 点に注意しましょう。

①色深度が増えるとレンダリングに時間がかかる

　8bpc に比べ 16bpc はレンダリングに時間がかかります。これは 1 色あたりのカラーが増えた分、描画の処理にかかる負担が大きくなるためです。

②撮影素材の色深度は撮影時に決まってしまう

　After Effects の内部で生成したものは、いつでも色深度を変えることができます。しかし、撮影素材などは、撮影時に色深度が決まってしまいます。8bpc で撮影された素材を After Effects 上で 16bpc でレンダリングしても、元素材の階調が増えるわけではないので注意してください。

　一眼カメラの場合は 8bpc で収録できるものが一般的ですが、最近は 10bpc で収録できるものが増えています。自分のカメラの色深度を前もって把握しておきましょう。

③色深度が少ないとバンディング（階調破綻）が起きることがある

　モーショングラフィックス作成でグラデーションをかける際は、**バンディング**（階調破綻）に注意が必要です。これは、グラデーションを表現するのに必要な色の数が足りずに、色の階調がジャンプして破綻してしまう現象です。バンディングが起きると、下の画像のようにグラデーションが縞模様になってしまいます。撮影素材の場合は、空のグラデーションなどで階調が破綻することがあります。

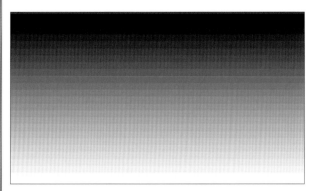

バンディングの例

🍡 バンディングの解決方法

　バンディングの解決方法は2つあります。①でだめなら②も試してみてください。

---

① After Effects の bpc 数を上げる

　After Effects の内部で作成しているグラデーションなら、bpc 数を上げることで色の階調が増え、バンディングが軽減されます。

②画面全体に薄くノイズをかける

　撮影素材の場合は、bpc 数を上げてもバンディングは直りません。また After Effects で作ったグラデーションでも、色によっては色深度を変えても改善しないことがあります。
　その際は、画面全体に薄くノイズをかけてみましょう。グラデーションの階調のジャンプが消えるまで、じわじわとノイズの強さを上げていきます。1%もかけない程度で改善すると思います。

ノイズをかけてバンディングを解決

第7章まとめ

　お疲れさまでした！　今回の章は After Effects の醍醐味であるカメラレイヤーと 3D レイヤーを活用していきました。またマスクやシェイプ、調整レイヤーも含めかなり覚えることが多かったので、ぜひおさらいしてみましょう！

　ここまでの章で After Effects の基礎が理解できたかと思います。さらに理解度を上げるためにオリジナル映像を作ってみてくださいね！

　次の章からは応用編になっていきます。少し複雑なカメラのアニメーションや、現実空間を拡張してモーショングラフィックスの表現を一気に広げる 3D カメラトラッキングの使い方、エクスプレッションについてもう少し深掘りしていきたいと思います。

▶ アレンジに挑戦！

　チュートリアル通り作れるようになったら、次は自分なりにアレンジしてオリジナルの作品を作ってみましょう。それが一番の練習になります！

　アレンジ作品を作ったら、「＃サンゼ AE」を付けてツイートしてくれたら、サンゼが「いいね」を押しにいきます！　投稿してくださった作品は、まとめてサンゼのツイッターアカウントで紹介します！

アレンジのヒント

・ハニカム BG を天井と床として活用する
・ラインを道のように並べる
・空間をより大きく作る
・グローのかかり具合を細かく調整する
・ブラインドやグローなどのエフェクトを組み合わせる

第 **8** 章

めっちゃかっこいい！
文字に飛び込むトランジション！

この章で学べること

今回の章では新しく、トラックマットとヌルオブジェクトを学んでい
きます。
また、カメラレイヤーの設定についても掘り下げた動画を番外編とし
て作成したので、ぜひ見てください！

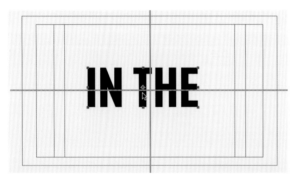

文字のトンネルを作成

- 全体のイメージをつかむ
- 新規コンポジションを作成
- トンネル用のテキストを作成
- トラックマットで白ベースをくり抜く

- テキスト位置をセンターに調整
- ラベル色で管理

カメラをヌルでコントロールする

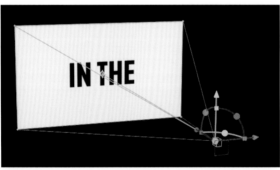

- カメラを作成
- カメラをヌルに親子付け
- カメラアニメーションを作成

トンネル先の空間を作成

- トンネル先のコンポジションを作成
- カメラとレイアウトを調整
- モーションタイルで画面を引き伸ばす

- カメラアニメーションに緩急を付ける
- トンネル先のテキストを作成
- じんわりドリーする

8

シーン全体の質感をアップさせる

- 白ベースに質感をプラスする
- ビネットで遠近感をプラスする
- 黒平面でトンネルをふさぐ

- グローで空気感を作る
- モーションブラーを付ける
- ドリーバージョンの完成！

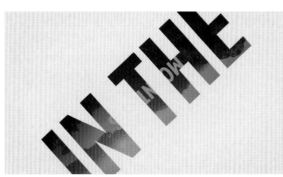

スピンバージョンの作成

- カメラに回転をかける
- 回転とドリーのタイミングを合わせる
- 画面の見切れを修正
- スピンバージョンの完成！

動画視聴お疲れさまでした！

8-1 レイヤーの親子関係（ペアレント）

親子関係って何？

親子関係は、複数のレイヤー同士をリンクさせて管理する機能です。After Effects では、親子関係を付けることを「親子付けする」や「ペアレントする」といいます。

親子付けすることで、親レイヤーのパラメーター変更に子レイヤーを追従させることができます。複数のレイヤーをまとめて動かす・拡大するなど、さまざまな使い方が可能です。さらに、ヌルオブジェクトレイヤー（→ p.240 参照）と組み合わせて活用することで、レイヤーのアニメーション管理が楽になります。

レイヤーの親子付け

レイヤーの親子付けをするときは、子レイヤーの方から「どのレイヤーを親にするか？」を指定します。

指定の方法は、次の 2 通りがあります。直感的には、B のようにピックウィップで親子付けをする方がわかりやすいかと思います。

A. 「親とリンク」のドロップダウンメニューから親を指定

タイムラインパネルの「親とリンク」の列のドロップダウンメニューから、親レイヤーを設定します。

B. 「ピックウィップ」を使って親を指定

ピックウィップで親とリンクさせるには、「親とリンク」列の隣にある渦巻のマークを使用します。渦巻をクリックしてドラッグすると、渦巻から青い線が伸びます。伸ばした線を親レイヤーに指定したいレイヤーの名前までドラッグして離します。

また、いずれの方法でも、複数の子レイヤーを同時に親レイヤーに結びつけることが可能です。子レイヤーを複数選択して、ドロップダウンメニューまたはピックウィップにて親レイヤーを選択してください。他の子レイヤーのドロップダウンメニューも同時に変更されます。

マメ知識　プロパティピックウィップの活用

ピックウィップは今回のレイヤー単位のリンク（親子関係）に使えるだけではなく、レイヤー内のプロパティ単位でのリンクにも使用できます。その他、エクスプレッションの記述にも使えるなど、After Effects でよく使う機能の 1 つです。プロパティ単位でのリンクの詳細は第 10 章の動画でも解説してますので、ぜひ見てみてください（→ p.288 参照）。

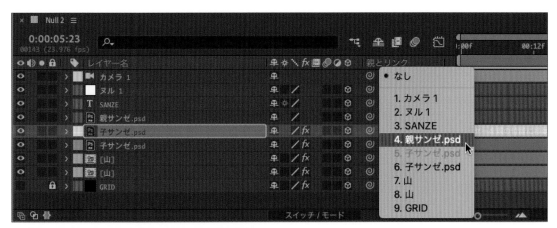

A. 「親とリンク」のドロップダウンメニューから親を指定

B. 「ピックウィップ」を使って親を指定

複数レイヤーを選択して一括で親子付けする

8-2 カメラコントロール

カメラコントロールは、After Effects でダイナミックな画作りをする上で大切なポイントです。そのために、本編のチュートリアル動画とは別に、この章で学ぶカメラの「ノード」の違いについて掘り下げた番外編の動画を公開しています。合わせて見ていただくとさらに理解が深まります。

第8章番外編　カメラのノードの違いを理解しよう！

カメラ設定

タイムライン上のカメラレイヤーをダブルクリックすると「カメラ設定」を確認することができます。この中には、映像のワイド感を左右するレンズのミリ数の設定や、実際のカメラで撮影したときのようにレンズのボケをシミュレーションする「被写界深度」の設定などがあります。

その他、カメラの種類として1ノードカメラと2ノードカメラの違いもあります。

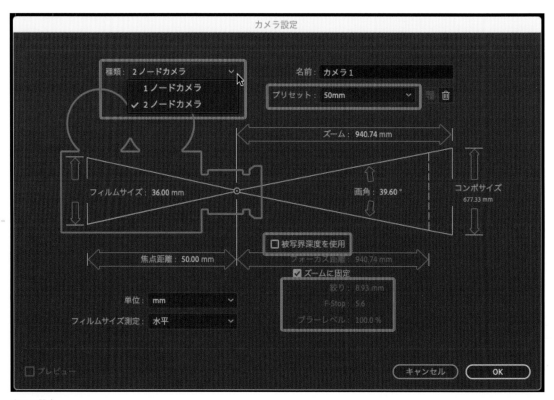

カメラ設定

232

レンズのミリ数の違い

　カメラレンズのミリ数は、アニメーションの見え方に大きく影響を与えます。カメラワークのアニメーションにも影響を与える項目のため、早い段階で決定しておいた方がスムーズです。

　After Effects の標準レンズは「50mm」です。レンズのミリ数が小さくなれば映像が**ワイド**になります。反対に、ミリ数が大きくなると映像が平面的に見えてくるようになり、これを**望遠**といいます。ミリ数は、「カメラ設定」の「プリセット」や「焦点距離」で変更できます。

　このようなレンズのミリ数の違いを目的に応じて使い分けることができれば、映像の仕上がりはぐっと変わってきます。例えば、より立体的でダイナミックな映像にしたいのであれば、ミリ数の小さいワイドレンズを選択した上で、被写体に近づいて撮影すればよいのです。

　次のページで、ミリ数によって実際にどれくらい見え方の違いが出るのかを示したので、参考にしてみてください。

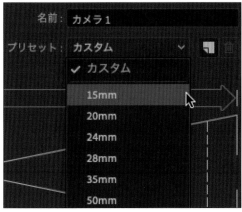

プリセットの変更

8

次のページへGO!

■ レンズのミリ数による見え方の違い①（カメラ位置を固定）

　下の画像は、カメラ位置は同じ状態でレンズのミリ数のみを変更した様子です。ミリ数の小さいワイドレンズだと視野が広く、反対にミリ数の大きい望遠レンズだと視野が狭く見えます。

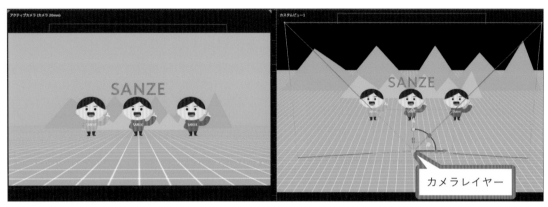

20mm ワイドレンズ　カメラ位置は同じ

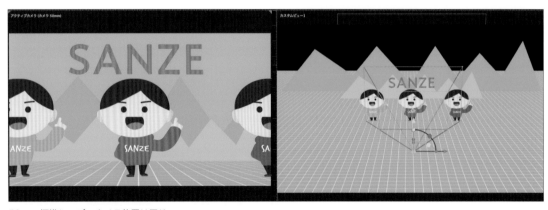

50mm 標準レンズ　カメラ位置は同じ

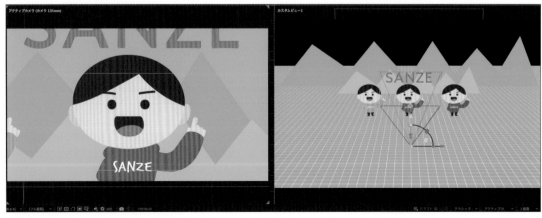

　　135mm 望遠レンズ　カメラ位置は同じ

■ レンズのミリ数による見え方の違い②（対象のサイズ感を固定）

　今度はレンズのミリ数を変更したあと、中心のキャラクターのサイズ感が同じになるようにカメラ位置を変更した様子を見てみましょう。なお、遠近感がわかりやすいように、真ん中のキャラクターには回転で角度を付けています。

　カメラの位置を見ると、先ほどよりもワイドレンズは近づいていて、望遠レンズは遠ざかっています。つまり、対象を同じサイズ感にした際はワイドレンズのほうがカメラの位置が近いため、遠近感が強く奥行きのある表現になるということです。「SANZE」の文字や地面の見え方、背景の山の大きさが違って見えるのがわかると思います。

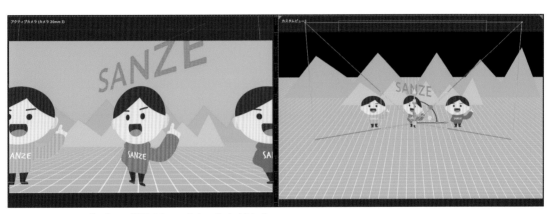

20mm ワイドレンズ　カメラ位置はキャラクターサイズ合わせ

50mm 標準レンズ　カメラ位置はキャラクターサイズ合わせ

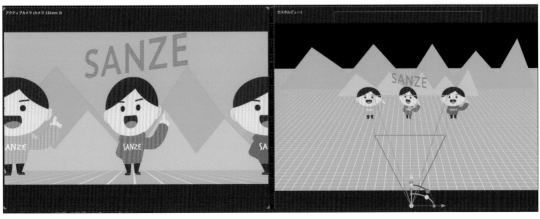

135mm 望遠レンズ　カメラ位置はキャラクターサイズ合わせ

カメラの被写界深度

After Effects のカメラには、現実世界と同じようなボケの表現の設定ができる**被写界深度**という機能があります。使用方法は簡単で、「カメラ設定」から「被写界深度を使用」にチェックを入れるだけです。

チェックを入れると被写界深度に関連するメニューがオンになります。「F-stop」の数値はカメラのボケる範囲に影響し、「絞り」の数値はそれに連動して動きます。「F-stop」は通常、1 ～ 10 くらいの範囲で調整します。

・F-stop が小さい＝被写界深度が浅い
　→フォーカスする範囲が狭く、ボケが強くなる
・F-stop が大きい＝被写界深度が深い
　→フォーカスする範囲が広く、ボケが弱くなる

「ブラーレベル」を使用すると、被写界深度の範囲を変えることなく、ブラー（ボケ）の強さを調整することができます。

なお、被写界深度に反応するのは 3D レイヤーのみです。カメラレイヤーのフォーカス距離と 3D レイヤーの位置関係からボケは生成されます。つまり、Z 軸を使用した奥行きの差がないとボケは生まれないので、2D レイヤーには反応しません。

被写界深度はレンズのミリ数（焦点距離）とも密接に関係しています。安くてもいいので一眼カメラのズームレンズキット等を買って、実際に撮影してみることで、After Effects の表現の幅が広がります。

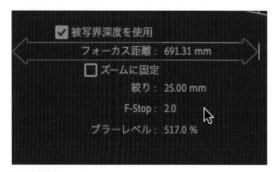

被写界深度

フォーカス距離の調整

カメラレイヤーの被写界深度をオンにしたら、どこにフォーカスを合わせるかを「フォーカス距離」で調整する必要があります。

カメラレイヤーのレイヤープロパティ「カメラオプション」から、「フォーカス距離」を選択してください。ここの数値でカメラのフォーカスが合う距離を管理します。フォーカス距離にもキーフレームを付けることができるので、フォーカス送り（→ p.237 参照）のような表現も可能になります。

フォーカス距離はビュー上で四角い枠線で表示されるので、トップビューやカスタムビューを活用するとフォーカス距離の管理がしやすくなります。

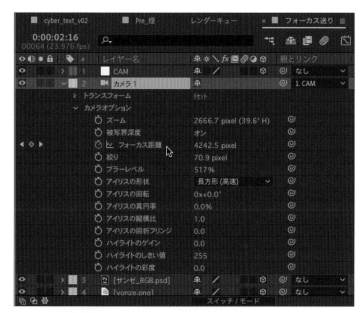

フォーカス距離の調整

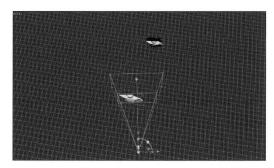

手前にフォーカス距離が合っている

奥にフォーカス距離が合っている

💡 **マメ知識　フォーカス送りとは？**

フォーカス送り（ピン送り）とは、被写体の距離に合わせて、レンズの焦点距離を変えることです。被写体が複数ある場合、手前に焦点を合わせることを「前ピン」、後ろに合わせることを「後ピン」と呼びます。このとき、「前ピン」から「後ピン」、もしくは逆に「後ピン」から「前ピン」に変えることなどをフォーカス送りというわけです。

8

1 ノードカメラと 2 ノードカメラって何？

　カメラコントロールに大きな影響を及ぼすのが、「カメラ設定」の「種類」にある「1 ノードカメラ」と「2 ノードカメラ」という 2 種類のカメラ設定です。**ノード**とは、カメラの向きをコントロールするための軸を指します。After Effects のカメラは 2 ノードカメラがデフォルトになっています。

　1 ノードカメラは、軸（ノード）が 1 つのカメラです。カメラの向きのコントロールは、「方向」と「回転」によって行います。

　2 ノードカメラは、「方向」と「回転」の他に、「目標点」という軸が追加されます。2 ノードカメラは目標点の方向を常に見続ける特性があるため、カメラの方向を制御しやすくなります。

　下の画像は左が 2 ノードカメラ、右が 1 ノードカメラを示しています。なお、カメラの向きを制御するときは、ビューをトップビューに切り替えると管理が容易になります。

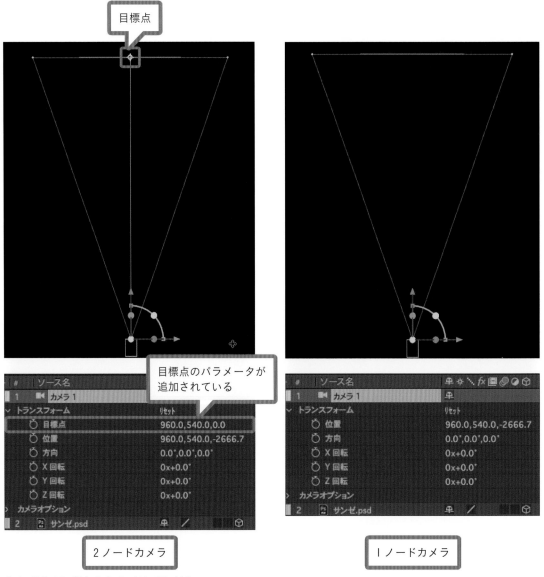

2 ノードカメラ（左）と 1 ノードカメラ（右）

1ノードカメラと2ノードカメラの使い分け

　ここで、それぞれのカメラの特性を簡単に整理します。

　2ノードカメラは目標点が使えるので、カメラを振り回したいときなどに重宝します。また位置と目標点をモーションパスで管理することで、ダイナミックな画作りが可能になります。

　1ノードカメラは反対に、直線的な動きに向いています。目標点がないことでカメラは常に正面を向いているため、直線的なドリーをしたい場合は1ノードカメラがオススメです。しかし、カメラコントロール用のヌルを作成すれば2ノードカメラでも問題なく直線的な動きができるので（→ p.241参照）、最近は1ノードカメラの出番が減ってきているように感じます。

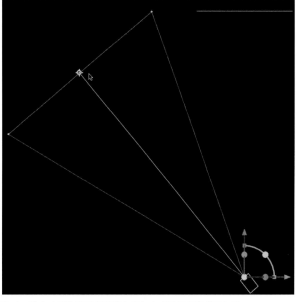

2ノードカメラは目標点を動かすとカメラの向きが変わる

フォーカス距離を目標点・レイヤーへリンク

　2ノードカメラを選択した状態で、上部メニューの［レイヤー］→［カメラ］→［フォーカス距離を目標点へリンク］をクリックすると、フォーカスの距離が自動的に目標点にリンクされます。

　また、カメラレイヤーと任意のレイヤーを同時に選択した状態で、［フォーカス距離をレイヤーへリンク］をクリックすると、カメラと一緒に選択したレイヤーに対してフォーカス距離がリンクします。

フォーカス距離を目標点へリンク

8

8-3 ヌルオブジェクトレイヤー

ヌルオブジェクトレイヤーって何？

ヌルオブジェクトレイヤー（ヌル）とは、動画内に表示されない空のオブジェクトです。タイムラインパネル上で右クリック→［新規］→［ヌルオブジェクト］で作成できます。ショートカットは［⌘＋ Option ＋ Shift ＋ Y］です。

ヌルオブジェクトレイヤーの役割は多岐にわたり、After Effects になくてはならない影の立役者です。ヌルオブジェクトレイヤー自体は、レンダリングに描画されないという特性を持ちます。

タイムラインでのヌル

画面上にぽつんとあるヌル

カメラコントロールでヌルを活用

　第8章のチュートリアル動画では、ヌルオブジェクトレイヤーを親レイヤー、カメラレイヤーを子レイヤーとして親子付けして、カメラのコントロールを行っています。

　2ノードカメラには、1ノードカメラにはない「目標点」という軸があるとご説明しました（→ p.238 参照）。目標点があることで、カメラコントロールが非常にやりやすくなるのですが、これによって1つ問題が生じます。それは、カメラ自体がドリーなどで大きく前後移動した際に、もともとあった目標点の位置を追い越してしまうと、カメラの向きが反転してしまうという問題です。この原因は、「常に目標点を向く」という2ノードカメラの特性にあります。

　ヌルがあれば、これを簡単に解決することができます。2ノードカメラとコントロール用のヌルを組み合わせて、「カメラの位置」と「目標点」を同時に移動させることで、カメラ反転を防げばよいのです。

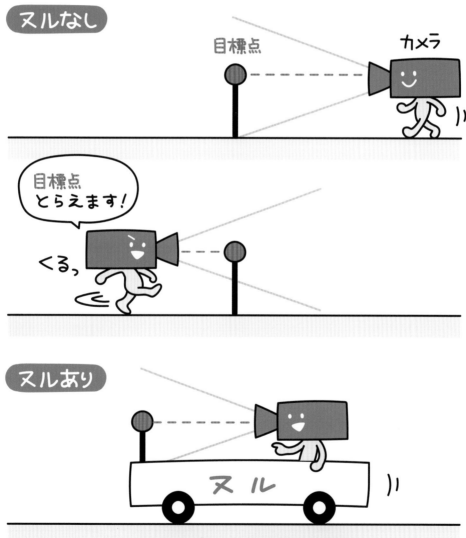

■ カメラコントロール用のヌルの作成

カメラコントロール用のヌルは、次のような手順で作成できます。

①カメラレイヤーを作成する
②ヌルオブジェクトを作成して、3D レイヤーに変換する
③カメラレイヤーの「位置」を、②で作成したヌルの「位置」にコピー＆ペーストする。カメラと同じ位置にヌルが移動する
④カメラとヌルが重なってるのを確認したら、ヌルを親レイヤー、カメラレイヤーを子レイヤーとして親子付ける

こうすることで、カメラの移動や回転の制御をヌルで行うことができるようになります。

カメラレイヤーの「位置」をヌルの「位置」へコピー＆ペーストする

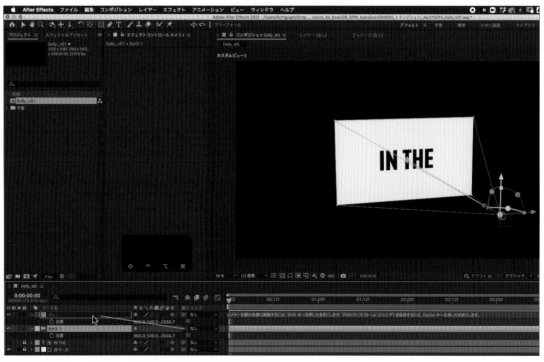

ヌルを親レイヤー、カメラレイヤーを子レイヤーとして親子付ける

その他にも、ヌルにはさまざまな活用方法があります。

複数のレイヤーをヌルに紐付ける

ヌルを親レイヤー、複数のレイヤーを子レイヤーとして親子付けることができます。通常のレイヤー同士の親子付けと同じように行います。

コンポジション内でレイアウトした素材をまとめて移動させて、レイアウト調整するときなどに便利です。

①タイムラインから複数のレイヤーを選択（[⌘ (Ctrl)] キーを押しながら任意のレイヤーをクリック）
②複数のレイヤーを選択した状態で、ピックウィップでヌルを親レイヤーに指定
　※「親とリンク」のドロップダウンメニューからも指定できます。

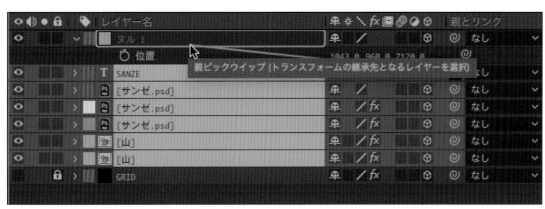

ピックウィップで複数のレイヤーを親子付ける

ヌル1に対して複数の子レイヤーが親子付けされている

■ ヌルを中心にカメラを動かす

この活用法は、アニメーションに対して追加で軸を作りたいときなどに重宝します。クレーンで撮影したようなアングルでカメラを動かすことができます。

①カメラレイヤーを作成する
②ヌルオブジェクトを作成して、3Dレイヤーに変換する
③ヌルとカメラが離れた状態で、ヌルに対してカメラレイヤーをピックウィップで紐付ける

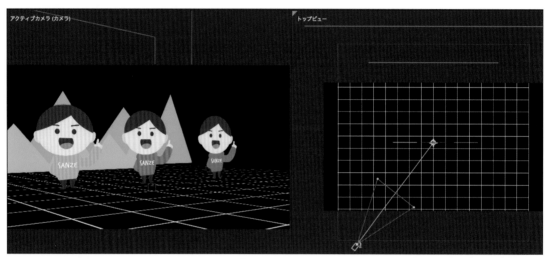

ヌルとカメラを離して紐付ける

▶ カメラワークを詳しく学びたい方へ

さらにカメラワークについて勉強したい方は、サンゼの動画からこの2本がオススメです！

After Effects のカメラワーク講座 Part.1
〜まずは押さえたい基本の3つ〜【011】
https://youtu.be/qtRr7A5L6yc

After Effects のカメラワーク講座 Part.2
〜覚えてるとトクする応用テク〜【012】
https://youtu.be/cF-mdlDk6Co

8-4 トラックマット

トラックマットって何？

トラックマットとは、レイヤーを切り取るためのテクニックです。タイムラインにある重ねた2つのレイヤーを1組として使用し、下のレイヤーを上のレイヤーでくり抜きます。トラックマットに使用する上のレイヤーを**マット**と呼び、下のレイヤーを**フロント**と呼びます。

今回のチュートリアル動画では、白い平面レイヤーをフロント、上に置いた文字をマットとして使用しています。そして「IN THE」という文字の輪郭を利用して、フロントを「アルファ反転マット」でくり抜きました。あとでご説明しますが、「反転マット」なので白平面に文字の形で穴が空いた状態になっています。

タイムラインのトラックマット

トラックマットでくり抜かれた様子（背景が透明を示すチェック模様になっている）

トラックマットの使い方

トラックマットは、以下のステップで使用できるようになります。

①フロントとマットのレイヤーを用意する
②フロントが下、マットが上になるようにタイムラインで重ねる
③フロントレイヤーの「トラックマット」列からドロップダウンメニューを開いてトラックマットのモード選択をする（モードは4種類あり、使用しないときは「なし」にする）
④トラックマットを使用すると、マットレイヤーがトラックマットに変換されてビデオが非表示になる
⑤フロントとマットのレイヤーのアイコンがトラックマットの関係性を示すアイコンに変わる

トラックマットのアイコン

■ トラックマットの項目が表示されていない場合

レイヤーパネルにトラックマットの項目が表示されていない場合は、レイヤーパネルの列名を右クリック→［列を表示］→［モード］をクリックすれば、レイヤーの描画モードと一緒にトラックマット列が表示されます（→ p.131 参照）。

トラックマットの項目を表示させる

トラックマットの種類

　トラックマットには、方法が4種類あります。どのモードでも、フロント（下のレイヤー）をマット（上のレイヤー）で切り抜くというルールは変わりません。マットのアルファ（輪郭）かルミナンス（輝度情報）を使って切り抜くことができ、それぞれ反転して使うことが可能です。

■ アルファを使用したマット

　アルファを使用したマットは、マットの輪郭で切り抜きます。

> **アルファマット**
> 　アルファチャンネルを使用して画像を切り抜きます。
>
> **アルファ反転マット**
> 　アルファマットを反転させた状態になります。

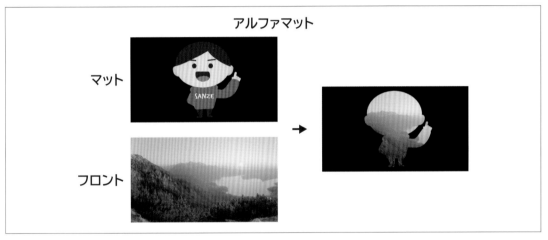

アルファマット

アルファ反転マット

■ ルミナンスを使用したマット

ルミナンスを使用したマットは、マットの明るさ（輝度情報）で切り抜きます。

> **ルミナンスキーマット**
> マットのルミナンスを使用して画像を切り抜きます。
>
> **ルミナンスキー反転マット**
> ルミナンスキーマットを反転させた状態になります。

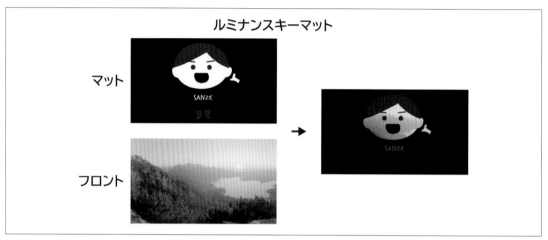

ルミナンスキーマット

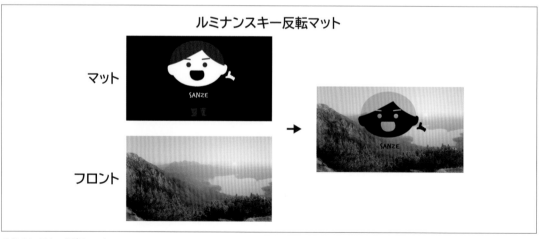

ルミナンスキー反転マット

8-5 レイヤーを切り取るさまざまな方法

　レイヤーを切り取る方法として、マスクを用いたもの（→ p.208 参照）と、マットを用いたもの（→ p.245 参照）をご紹介しました。しかし After Effects には、レイヤーを切り取るための便利な機能が、まだまだ他にも搭載されています。

　ここでは作業を行う際の「アプローチ」の違いから、切り取る方法を大きく 2 つに分けてご紹介したいと思います。

　1 つ目は、ロトスコープという作業で切り取る方法です。これは、切り取りたいものの輪郭を自分で見極めて切り分けていくことを指します。

　2 つ目は、キーイングという作業で切り取る方法です。これは画像を、「クロマキー」などを使用し、色味や明暗などの数値的な違いに着目して切り分けていくことを指します。

ロトスコープって何？

　ロトスコープとは、切り取りたいものの輪郭を自分で見極めて切り分けていく作業を指します。After Effects の主なロトスコープツールは 3 種類あります。それぞれのメリットとデメリットをまとめます。

①標準のマスクツール
使用方法：ツールパネルからペンツールを使用
メリット：導入が簡単
デメリット：トラッキングと組み合わせにくいのでガタついたマスクになりやすい

②ロトブラシツール
使用方法：ツールパネルから「ロトブラシツール」を選択して素材の任意の箇所をなぞる
　　　　　（AI で輪郭を自動検出し動画素材をなぞりながら切り分けていく）
メリット：感覚的に切り分けることができるので習得のコストがかかりにくい
デメリット：ザックリとしたマスクには適しているが、細かく調整していくのに時間がかかる
　　　　　　切り終わるまでにどれだけ時間がかかるか計算しづらい（ペース配分に注意）

③ Mocha Ae（→ p.272 参照）
使用方法：エフェクト「Mocha Ae」を素材へ適用する
メリット：パスの作成とトラッキング作業を同時にできるため、時間短縮につながる
デメリット：Mocha Ae 独自の UI で作業を覚える必要があるので、習得までに時間がかかる

8

ロトスコープのコツ

ロトスコープを行うときには、次の点を意識して効率化を図りましょう。

> ・トラッキングデータを生かしながらマスクシェイプを切る
> ・一筆書きではなく立体的に対象物を捉える
> ・シンプルなマスクシェイプの組み合わせで描画する

　ロトスコープのポイントは、いかにトラッキングとマスクシェイプを組み合わせるかにあります。トラッキングがとれていれば、マスクシェイプ自体のキーフレームも少なくてすみ、かつマスクシェイプのブレも生まれにくくなります。

　また一筆書きのように対象物の輪郭をなぞるのではなく、オブジェクトを立体的に捉えてシンプルなシェイプを組み合わせて切り取っていくことも大切です。こうすれば、各シェイプのキーフレーム数とブレを抑えられることに加え、修正しやすいデータ作成につながります。

良いロトスコープの例

悪いロトスコープの例

キーイングって何?

　キーイングは、色味や明暗の数値的な違いから画像を切り分けていく作業です。After Effects では、エフェクト＆プリセットパネルの「キーイング」のカテゴリーに、「リニアカラーキー」や「異なるマット」などのキーイングが可能なエフェクトが格納されています。また「Keying」カテゴリーの中には、「Keylight」という強力なキーイングエフェクトが格納されています（ソフトの日本語化に伴って、同じ種類のカテゴリーが 2 つ存在してしまっています）。

　このようなキーイング系のエフェクトを用いて、対象のレイヤーに直接マスクを施すこともできますし、キーイングで作成したマスクをトラックマット等と組み合わせて使用し、別のレイヤーに転用することも可能です。

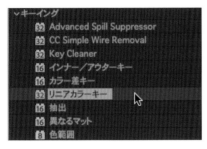

「キーイング」
カテゴリー

「Keying」
カテゴリー

8

　キーイングの種類は、大きく分けて 3 つあります。

①クロマキー系

　色の差でマスクを生成します。グリーンバックスクリーンなどで撮影した素材等を使います。

使用方法：「エフェクト＆プリセットパネル」→「Keying」→「Keylight」
　　　　　　　　　　→「キーイング」→「カラーキー」など

キーイング前

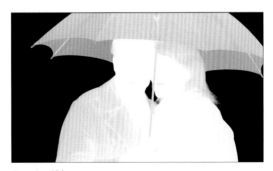

キーイング中

キーイング後

■ ②ルミナンスキー系

明るさの差でマスクを生成します。明部と暗部のどちらからも削ることができます。

使用方法：「エフェクト＆プリセットパネル」→「キーイング」→「抽出」など

また、「旧バージョン」というカテゴリーの中に「ルミナンスキー」というエフェクトがあります。

オリジナル

「ルミナンスキー」で背景を差し替え

■ ③ディファレンスキー系

A素材とB素材の色の差分を検出してマスクを生成します。役者がいるシーンをA素材として撮影した後に、合成用に空舞台（役者なし）をB素材として撮影しておくと、ディファレンスキーを使うことができます。ただし、ディファレンスキー系のマットは精度が高いマスクを作成しづらいので、クロマキーなどの補助的な使い方をするのがベストです。

使用方法：「エフェクト＆プリセットパネル」→「キーイング」→「異なるマット」

A素材

B素材

「異なるマット」を使って背景を差し替え

8-6 便利なデータの整理方法

　ここでは、作業中や作業終わりで使うと便利な「ファイルを収集」と「プロジェクトの整理」という機能をご紹介します。

「ファイルを収集」

　「ファイルを収集」はAfter Effectsで使用したファイルを1つのフォルダーに自動でまとめる機能で、作業データのバックアップやチームメンバーへの引き継ぎで大切な役割を果たします。

　作業していたデータについてまるごと「ファイルを収集」する場合は、次の手順で行います。

①上部メニューから［ファイル］→［依存関係］→［ファイルを収集］をクリックします。プロジェクトを保存していない場合は、プロジェクトの保存を求められます。

②「ファイルを収集」ウィンドウが開き、収集するファイル数やデータ容量等が表示されます。「ソースファイルを収集」で「すべて」を選択し、［収集］をクリックします。

③「フォルダーにファイルを収集」ウィンドウが開くので、データの収集先に任意の場所を指定します。［保存］を押すと、ファイルのコピーが始まります。

④収集されたデータは、After Effectsのプロジェクトパネルで整理したフォルダー構成と同じ構成で保存されます。

> **⚠ 注意！**
>
> 　「ファイルを収集」はデータの移動ではなくコピーです。重たいファイルを大量に読み込んでいる場合はコピーに時間がかかります。

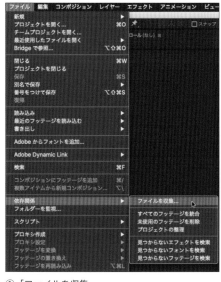

① 「ファイルを収集」

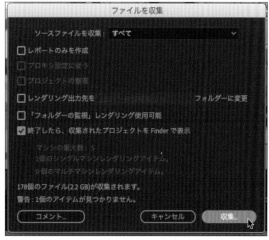

② 「ファイルを収集」ウィンドウ

③デスクトップなどの任意の場所に保存

④収集されたファイルの構成

■「ソースファイルを収集」の項目

「ファイルを収集」ウィンドウの「ソースファイルを収集」の項目で、ファイルの収集結果が変わる点には注意が必要です。

> すべて：プロジェクトに内包されているすべての素材
> すべてのコンポジション用：コンポジションで使用している素材のみ
> 選択されたコンポジション用：プロジェクトパネルで選択状態（複数可）のコンポジションで使用している素材のみ

ソースファイルを収集

「プロジェクトの整理」

　データを読み込みすぎてプロジェクトが散らかった場合は、「プロジェクトの整理」を使いましょう。プロジェクトパネルから任意のコンポジションを選択した状態で、上部メニューから［ファイル］→［依存関係］→［プロジェクトの整理］をクリックします。すると、選択したコンポジションで使用していない・プリコンプも含めて関連していない素材を、プロジェクトパネルから削除できます。このとき、対象のコンポジションは複数選択することも可能です。

　プロジェクトから使用していないデータが消去されると、メッセージが表示されます。ここで削除されたアイテム（素材）の数を確認することもできます。

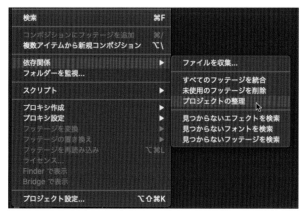

「プロジェクトの整理」

> **!注意！**
>
> 　使用する予定だった未使用のデータを意図せず削除してしまう恐れもあるので、「プロジェクトの整理」を行う前にはデータ復旧が可能なように別名保存をしておきましょう。

8

削除時のメッセージ

Column　さまざまなアプローチを知ることが大切

　8-5で紹介したレイヤーを切り取るさまざまな方法について（→ p.249 参照）、YouTube の視聴者の方から「どれを使うのが正解ですか？」とよく質問をいただくのですが、残念ながら正解はありません。撮影素材や作りたい映像によって、最適なアプローチは異なります。サンゼは映画やテレビコマーシャルの合成作業もやってきましたが、作業をしながら最適解を探しているというのが正直なところです。

　ただし、共通して言えるのは「解決のためのアプローチはたくさん持っていたほうが良い」という点です。1つしか方法を知らないより、複数のアプローチを知っていたほうが解決の可能性が上がります。「この方法が駄目なら次を試してみよう！」と、次々と切り替えていくことが大切です。

　この考え方はマスキングに関してだけではなく、エフェクトやアニメーションにも通じます。「正解が無い作業に向き合うことができるかどうか」というのも、映像制作を続けていく上で大切な資質だと思います。

第8章まとめ

お疲れさまでした！　第6・7章のアニメーションの応用編に近い内容だったので、結構簡単にできた人も多いのではないでしょうか？

今回の章ではカメラレイヤーとヌルオブジェクトレイヤーを組み合わせた「万能カメラ」の作り方と、トラックマットの使い方をご紹介しました。また番外編として、カメラワークのアニメーションと、1ノードカメラと2ノードカメラの使い分けについても解説しました。

次の章では3Dカメラトラッキングを使った実写合成を学んでいきます。これは、撮影した素材を解析して3D空間を構築するテクニックです。今まで学んできたモーショングラフィックスの知識に次の章のテクニックを掛け算すると、表現の幅が一気に広がります。

▶ アレンジに挑戦！

チュートリアル通り作れるようになったら、次は自分なりにアレンジしてオリジナルの作品を作ってみましょう。それが一番の練習になります！

アレンジ作品を作ったら、「＃サンゼAE」を付けてツイートしてくれたら、サンゼが「いいね」を押しにいきます！　投稿してくださった作品は、まとめてサンゼのツイッターアカウントで紹介します！

アレンジのヒント

・文字のアニメーションをブラッシュアップ

・奥のレイヤーを海に変更

・人物を配置して空間に前後関係を作る（立体感を強調）

第 9 章

3D カメラトラッキングで
映像表現の幅を広げよう！

この章で学べること

　今回の章では、3D カメラトラッキングというテクニックをご紹介します。トラッキングは、モーショングラフィックスやアニメーションを現実の実写素材に合成するために必要なテクニックです。今までの章で身につけたモーショングラフィックスのテクニックと掛け算することで、表現できる映像の幅がぐっと広がっていきます。

　今回も After Effects の標準機能だけで作成していますので、今日からすぐ使えるテクニックです。チャレンジしてみましょう！

3Dカメラトラッキングで映像表現の幅を広げよう！

Chapter Sheet

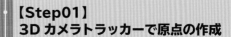

【Step01】
3Dカメラトラッカーで原点の作成

- 撮影素材を読み込む
- エフェクト「3Dカメラトラッカー」

- グリッドと原点を設定
- ヌルとカメラを作成

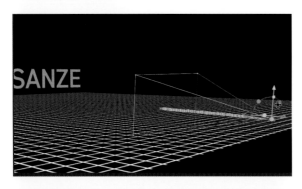

【Step02】
トラッキングデータを使用した
オブジェの配置

- 原点の上にテキストを配置
- グリッドを使って空間を把握する

- 座標ヌルを発生させる
- 座標ヌルにオブジェを親子付けする

【Step03】
カラコレとライトラップでなじませる

- 合成したものを映像になじませる
- 明るさを背景に合わせる

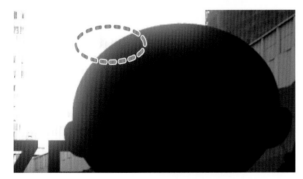

- ライトラップを作成

9

- ライトラップをスクリーンでのせる

影を作ってクオリティを上げる

- レイヤーを複製して影を作成
- 完成！

動画視聴お疲れさまでした！

9-1 2Dモーショントラッキング

2Dモーショントラッキングって何？

今回のチュートリアル動画で紹介した「3Dカメラトラッキング」を理解していただくために、まずは2Dモーショントラッキングについて説明します。3Dカメラトラッキングは、2Dモーショントラッキングの技術を応用したものだからです。

2Dモーショントラッキングとは、映像の特定の箇所を追跡して、移動した軌跡を位置情報に変換する技術です。この機能を使うと、ロゴやイラストや文字を映像の上に追尾するようにのせることができます。

トラッキングデータを作成している様子

2D モーショントラッキングの手順

2D モーショントラッキングでは、**トラッカーパネル**というパネルを使用します。上部メニューの
[ウィンドウ]から、トラッカーパネルを表示させてください。

トラッキングデータの取得

まずは、映像からトラッキングデータを取得する作業の大まかな流れを解説します。

---

① 解析したトラッキングデータのコピー先として、事前にヌルオブジェクトを新規作成します
（→ p.240 参照）。

② タイムラインパネル上で 2D トラッキングの素材を選択した状態で、トラッカーパネルの［ト
ラック］ボタンをクリックします。

③ 画面上に「トラックポイント」が表示されます。トラックポイントは 2 重の枠で構成されて
おり、内側の枠を「ターゲット領域」、外側の枠を「検索領域」といいます。コマが進むごと
に、ターゲット領域で指定した部分を検索領域から探し出して、移動した位置を記録します。

④ トラックポイントを選択ツールでドラッグして、映像上のトラッキングデータを取得したい
場所に置きます。明暗がハッキリとしていて、遮蔽物がない場所が理想的です。

⑤ トラッカーパネルの「分析」にある［▶］を押すと、トラッキングデータが取得できます。
このとき、マークが停止ボタン［■］に変わります。トラッキングが大きく外れてしまった
場合などは、いったん停止してトラッキングする箇所を再考しましょう。トラッキングデー
タは映像の頭から再生しながら取得することも、反対に映像の最後から逆再生しながら取得
することもできます。

⑥ 取得したトラッキングデータが、前ページの画像のようにきれいな軌跡を描いていたら完了です。

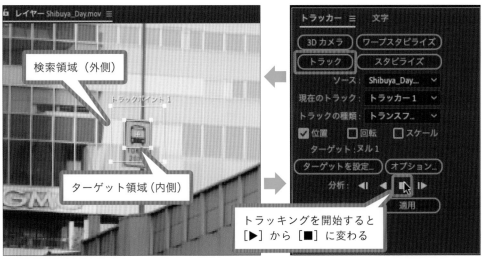

トラッキングデータの取得

◼ トラッキングデータを取得した後の処理

トラッキングデータを取得した後は、ヌルオブジェクトを使って 2D モーショントラッキングを実現します。

❶ 取得したトラッキングデータを、初めに用意しておいたヌルオブジェクトにコピーします。
 ［ターゲットを設定］を押すと「ターゲット」ウィンドウが立ち上がります。
❷ レイヤー項目から先ほどのヌルオブジェクトを選択して［OK］を押します。
❸ 次に［適用］を押すと、選択したヌルオブジェクトへトラッキングデータの位置情報がコピーされます。これで映像から位置情報をコピーしたヌルオブジェクトができました。
❹ ヌルオブジェクトを親レイヤーとして、ロゴやイラストを子レイヤーとして親子付けします。
 一度ヌルを介して子レイヤーを置く理由は、子レイヤーの位置変更や微調整がしやすいためです。

トラッカーパネル

ターゲットウィンドウ

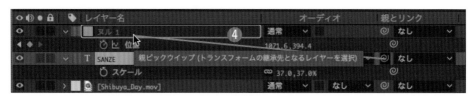
親子付け

💡 ◼ マメ知識　トラックポイントが 2 つの場合

今回はトラックポイントを 1 つだけ使用して位置情報を取得しましたが、トラックポイントを 2 つにすると、そのポイント同士の位置の差分から「回転」と「スケール」の数値も取得することができます。3D カメラトラッキングは、この技術をさらに応用して数多くのトラックポイントを作成し、その差分からカメラの動きまで解析してしまう技術です。

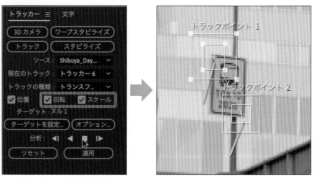
回転とスケールをトラックする場合は 2 ポイントになる

2D モーショントラッキングがうまくいかない場合

トラッキングをする際は、ターゲット領域（内側の枠）の場所やサイズと、検索領域（外側の枠）の大きさを調整する必要があります。この調整は、映像ごとに正解が違います。例えば、対象物の移動が大きい場合は検索領域を大きくし、反対に動きが小さい場合は検索領域を小さくした方が、トラッキング精度が上がります。なるべくトラッキングの軌跡がガタつかずに滑らかになる場所を探すことも大切です。

トラックポイントは明るさの差や、色の差で解析をしているため、暗くて不明瞭な動画には向いていません。撮影時には明るさに注意しましょう。撮影後の素材でも、明るくカラコレ（→ p.220 参照）することで解析の精度が上がる可能性もあります。

初めはうまく行かなくても、さまざまな実写素材で練習することでトラッキング作業が上手になっていきます。

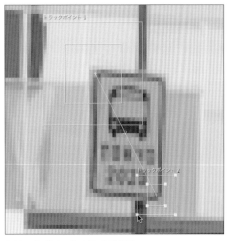

トラックポイントのサイズ変更

Column　発想の転換も重要

本来トラッキングしたい場所が途中で遮蔽物に隠れてしまうなど、トラッキングデータがどうしてもうまく取得できないときは、視野を広くすることが求められます。一度落ち着いて映像素材を再生し、トラッキングしたい対象物の近くに同じような動きをしている場所がないか探してみましょう。

例えば、演者の目をトラッキングしたいのに途中で隠れてしまうような場合でも、鼻の穴がずっと映っていれば、鼻の穴でトラッキングをとったデータを目の位置へ微調整すれば解決することもあります。映像を見極めて、対象物とは別の場所でトラッキングをとるのも編集者として重要なセンスの1つです。

スタビライズで動画の手ブレを止める

トラッキングの技術を応用させたのが**スタビライズ**という機能です。トラッキングデータを反転して使うことで、映像のブレや揺れを軽減することができます。トラッカーパネルの［スタビラズ］ボタンで使用できます。スタビライズの手順は、これまでに紹介したトラッキングの手順とほとんど同じです。

また、もっと簡単にスタビライズが可能な「ワープスタビライザーVFX」というエフェクトもあります。エフェクトをクリップに適用するだけで、自動的にスタビライズ処理ができるので、ぜひ試してみてください。映像からブレや揺れが軽減されて滑らかになると映像が見やすくなり、観客の集中力が離れるのを防ぐことにつながります。

トラッカーパネル　スタビライズ

ワープスタビライザー

▶ 2Dモーショントラッキングについて詳しく知りたい方へ

　2Dモーショントラッキングについて詳しく勉強したい方は、コチラの動画が参考になると思います。よかったら見てみてくださいね！

動画に文字を貼り付ける！
モーショントラッキング！スタビライズ！
【AfterEffects チュートリアル .032】
https://youtu.be/TJD8rYOXs6s

9-2 3D カメラトラッキング

3D カメラトラッキングって何？

3D カメラトラッキングとは、撮影素材を解析して映像から 3D 空間を生成する技術です。作った モーショングラフィックスやイラストを、まるで現実世界に存在するかのように映像内に配置するこ とができます。9-1 で学んだ 2D モーショントラッキング（→ p.260 参照）を応用して作られています。

昔は高価なソフトがないと不可能な技術でしたが、最近 After Effects にも標準搭載され、身近な映 像表現になりました。使いこなせると映像表現の幅がぐっと広がるので、ぜひ覚えていただきたいで す。

3D カメラトラッキング

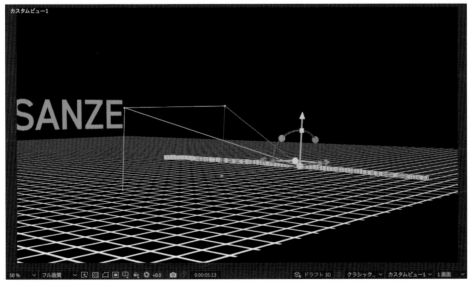

3D 空間を構築している様子

3D カメラトラッキングの手順

3D カメラトラッキングは次のような手順で行います。順番に少し詳しく解説していきます。

①撮影素材を解析
②グリッドと原点を作成
③ 3D トラッカーカメラと原点ヌルを作成
④再生して原点ヌルがズレていないかを確認
⑤座標ヌルの作成
⑥取得した座標ヌルと合成したいレイヤーを親子付け

①撮影素材を解析

撮影素材を整えてから（→ p.270 参照）、エフェクト「3D カメラトラッカー」を適用します。エフェクトをドラッグするだけで解析が始まります。解析結果の精度が悪い場合は、パラメーターを調整してみましょう。クリップの解像度や長さによって解析時間は変わります。

撮影素材を解析

②グリッドと原点を作成

　解析が終わるとトラックポイント（カラフルなバツマーク）が出てくるので、インジケーターでタイムラインを送って、トラックポイントがガタガタと動いていないかをチェックします。ガタついている場合はこの後のステップで3D空間を生成しても精度が低いものになってしまうので、映像素材を整え直すことが大切です。

　トラックポイントが滑らかに空間に貼り付いていることが確認できれば、生成する3D空間の水平をとりましょう。

トラックポイントを囲う

　水平な地面のトラックポイントを3ポイント以上囲うと、囲んだポイントの真ん中に赤いターゲットマークが現れます。ターゲットマークの真ん中の白色の部分をドラッグすると、地面を滑るように動かすことができます。これによって水平がとれているかを確認することができます。このターゲットマークの位置が、シーンの中心点である原点になります。

　ターゲットマークの位置を決めたら、右クリックして［グリッドと原点を設定］をクリックします。これで3D空間の水平が定義され、さらにシーンの中心点である「原点」も定義されます。

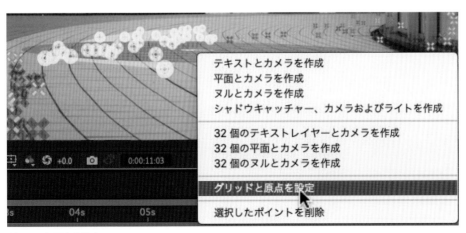

グリッドと原点を設定

■ ③ 3D トラッカーカメラと原点ヌルを作成

　原点の設定ができたら、右クリックして［ヌルとカメラを作成］をクリックしましょう。これで解析した空間から生成された「3D トラッカーカメラ」と、「ヌル I をトラック」という原点用のヌルが生まれます。原点ヌルの位置は、赤いターゲットマークの中心点になっているはずです。

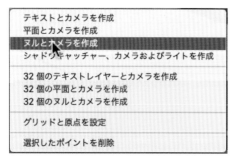

ヌルとカメラを作成

タイムラインにはヌルとカメラが発生

■ ④再生して原点ヌルがズレていないかを確認

　原点ヌル（位置「0,0,0」）があると、シーン全体の中心点が把握しやすくなります。原点ヌルの名前が、「ヌル I をトラック」のままだとわかりにくいので、「原点ヌル」や位置「0,0,0」を表す「000」などにリネームしておくとよいでしょう。

　タイムラインをインジケーターで送り、原点ヌルがズレることなくピッタリと地面の上に貼り付いて見えていれば解析完了です。このとき、平面レイヤーを 3D レイヤーにしてエフェクトの「グリッド」を適用して地面に配置すると、3D カメラトラッキングで生成した空間を把握しやすくなります。

原点ヌルがズレていないかを確認

⑤座標ヌルの作成

3Dカメラトラッキングを適用した映像素材からは、いつでも座標を取得できます。解析した映像素材のエフェクト「3Dカメラトラッカー」を選択してトラックポイントを表示し、キャラやロゴを置きたいと思っている場所の近くにトラックポイントがないか見てみましょう。トラックポイントがあれば、そのポイントを右クリックし［ヌルを作成］をクリックします。すると、座標を取得して座標ヌルを作成できます。

トラックポイントから座標ヌルを作成

座標ヌルがタイムラインにある

⑥取得した座標ヌルとイラストを親子付け

先ほど作成した座標ヌルを親レイヤー、配置したいイラストや映像を子レイヤーとして、ピックウィップで親子付けします。そして、子レイヤーの「位置」をすべて「0,0,0,0,0,0」と打ち直します。こうすると子レイヤーは、親レイヤーである座標ヌルの位置へ移動します。

映像を再生して確認してみると、カメラで撮影したかのように子レイヤーが貼り付いているのがわかるかと思います。2Dモーショントラッキング同様に、座標ヌルを介して子レイヤーを追従させているので、位置の微調整もしやすくなります。

ピックウィップで親子付け

子レイヤーの座標をすべて0に

以上のステップが、実写映像の3Dカメラトラッキングのワークフローです。

3Dカメラトラッキングがうまくいかない場合

3Dカメラトラッキングがうまくいかないとき、トラッキングの精度が低いときは、下記のポイントを見直してみてください。

①ピクセル比率に注意

海外の素材等でピクセル比率が正方形（1：1）ではないものに関しては、Media Encoder（→ p.163参照）で1：1に変換してから作業してください。変形したピクセル比率で作業してしまうと、後々の3D空間の構築作業が大変になります。

②解析映像のサイズでコンポジションを作る

解析する映像素材の大きさとコンポジションの大きさが同じでないと、エフェクト「3Dカメラトラッカー」は使用できません。スケールや位置をトリミングしたい場合は、フルサイズで3Dカメラトラッキングの合成作業をしてからトリミングするか、トラッキングデータの解析をする前にトリミングしたサイズで切り出しをして、その切り出したサイズをフルサイズとして3Dカメラトラッキングを行ってください。

③明るく明瞭に撮影する

2Dモーショントラッキングと同様に、解析する動画が暗かったりブレすぎていたりすると、トラッキングの精度が落ちてしまいます。演出上の理由でどうしても暗い環境で撮影しなければいけない場合は、カメラトラック解析用に、クリップを複製してから明るめにカラコレして書き出す方法があります。そのクリップを元にシーンを構築すると、良い結果になる可能性が上がります。

④スマホで撮影するときはフレームレートに注意

　通常のカメラはフレームレートが 29.97fps や 23.976fps に固定されているのですが、スマホの場合だと機種によって可変フレームレートが採用されていることがあります。この場合、動画の中でフレームレートが変動してしまいます。After Effects などの映像加工用ソフトは固定フレームレートで作業することが前提になっているため、可変フレームレートの素材は正しく解析できずにエラーが出てしまいます。

　まず考えられる解決方法としては、スマホで撮影する段階でフレームレートを固定の設定にすることが挙げられます。可変フレームレートを採用している機種の場合、フレームレートを固定して撮影できるアプリをインストールしておくとよいでしょう。

　また、可変フレームレートで撮影してしまった素材でも、Media Encoder などを使ってフレームレートを固定することで、少しだけ解析精度が上がることがあります。

⑤不規則に動くものは排除して撮影する

　3D カメラトラッキングの技術は、映像を解析して複数のトラックポイントを作成し、ポイント同士の位置の差分から 3D 空間上にカメラの位置を導き出すものです。そのため、画面上に不規則に動くものがあると、解析の精度が落ちてしまいます。例えば人がたくさん行き交う交差点の映像などは、3D カメラトラッキングの精度が悪くなります。不規則に動くものがなるべく映りこまないようにしましょう。

　編集時に、不規則に動く対象物を先にマスクでカットアウトするという方法もあります。その撮影素材を書き出すかプリコンプしてから 3D カメラトラッキングを行うことで、解析結果から不規則な動きを排除することができ、3D 空間構築の精度が上がります。

動くものが邪魔をしてしまう

マスクでカットアウトすると解決

トラッキングの種類の整理

今回ご紹介した「2Dモーショントラッキング」や「3Dカメラトラッキング」の他に、標準搭載されているプラグイン「Mocha Ae」を使った「プラナートラッキング」もあります。

トラッキング作業もマスキング作業と同様に、「この方法が絶対に正解」ということはありません。ケースバイケースで判断・試行していくことになりますが、このときなるべく多くの手段を知っていた方が、解決の糸口は見えやすくなります。ゆっくりでいいので覚えていきましょう。

2Dモーショントラッキング

・動画の中から特定のポイントを追尾
・1ポイントでトラックすると、位置をトラッキング
・2ポイントでトラックすると、位置の他、回転とスケールをトラッキング
・処理速度が早い

3Dカメラトラッキング

・動画を解析して3D空間を作る（2Dモーショントラッキングの応用）
・3Dトラッキングカメラと座標ヌルを組み合わせて行う
・不明瞭な映像では解析が上手く行かないので、解析前に映像を整えるのが大切
・処理に時間がかかる

Mocha Aeのプラナートラッキング

・面（プラナー）を使ったトラッキング
・標準の2Dモーショントラッキングよりも精度が高い
・マスク作成とトラッキングを同時に行える
・After Effectsで実写映像を加工したいときにはマストなツール

▶ Mocha Ae について詳しく知りたい方へ

サンゼは Mocha Ae を愛用しており、標準の 2D モーショントラッキングはほとんど使わなくなりました。サンゼの YouTube チャンネルでは、Mocha Ae のプラナートラッキングを使ったテクニックも紹介しています。ぜひチェックしてみてくださいね。

画面ハメコミ合成！仕事で使える！
【AfterEffects チュートリアル .033】
https://www.youtube.com/watch?v=4Tli_cMaC1o

障害物があってもモーショントラッキングをとる裏ワザ！
MochaAe モカ【AfterEffects チュートリアル .064】
https://www.youtube.com/watch?v=TGFjQoRBals

9-3 合成をなじませるコツ

合成が「なじんでいる」ってどういうこと？

　3Dカメラトラッキングなどでオブジェクトを配置したら、色味などを調整してさらに現実感を出していきましょう。現実感がある状態を「なじんでいる」といいます。

　合成をなじませる上では、次のようなことがポイントになります。今回は2つめの「色合わせ」のコツについて解説していきます。「ライトラップ」については、次の節（→ p.277 参照）で紹介します。

> ・撮影時に照明を当てる際に、合成結果を想定しながら光の方向性を決めていく
> ・合成した素材と背景素材の色味を合わせる（色合わせ）
> ・ライトラップなどのテクニックで合成した素材に環境の色味をのせる

カラコレ前
サンゼ君の色味が
環境に対して
不自然に明るい

カラコレ後
サンゼ君の色味と
環境のトーンが
合っている

色合わせのコツ

　説明の便宜上、背景素材を**バックグラウンド**、合成の対象物を**フォアグラウンド**と呼びます。チュートリアル動画でいうと、「Shibuya_Day.mov」がバックグラウンド、サンゼくんのイラストがフォアグラウンドです。バックグラウンドとフォアグラウンドの色味がズレていると、合成に違和感が出るので、バックグラウンドの色味を基準としてフォアグラウンドの色味をカラコレして調整します。

　色合わせは、「明るさ合わせ」と「RGB のバランス合わせ」のステップに分けることができます。

①明るさ合わせ

　映像の明るい箇所を**明部**、中くらいの箇所を**中間部**、暗い箇所を**暗部**と呼びます。色をなじませるためには、バックグラウンドとフォアグラウンドの明部と暗部のレベルを合わせる必要があります。バックグラウンドの明暗の範囲にイラストの明暗が収まっていないと違和感が出てきます。

　そこで明るさの範囲を決めるため、まずはバックグラウンドの映像から明部と暗部を探します。バックグラウンドの暗部と明部にカーソルを置くと、情報パネルに RGB の値が出てくるので、どのくらいの明るさなのかを数値的に確認することができます。RGB の数値が大きいほど映像は明るくなり、小さいほど映像が暗いことを示しています（→ p.68 参照）。この数値を参考に、フォアグラウンドの明部と暗部の範囲を調整します。

イラストがオリジナルの色の状態

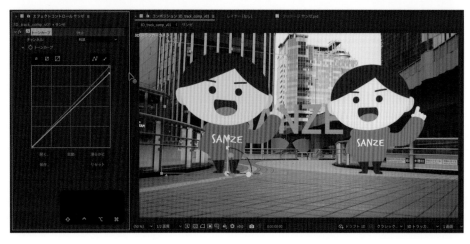

背景の色味に合わせて少し明るさを抑えた状態

274

② RGB のバランス合わせ

　明るさを合わせたら、バックグラウンドの色の分布をもとにフォアグラウンドの色味を調整しましょう。

　まずは、バックグラウンドの明部、中間部、暗部の 3 箇所を探して、情報パネルでそれぞれの RGB の分布を見ます。暗部にブルーがのっている、明部が若干黄色みがかっているなど、カーソルを置いて数値を確認することで、映像をなんとなく見ていただけではわからない色の分布に気付くことができます。

　バックグラウンドの色味の分布が確認できたら、それを参考にフォアグラウンドの RGB の強さを調整します。トーンカーブ（→ p.222 参照）など、カラー補正系のエフェクトを使用して明部・中間部・暗部で色味を合わせていきましょう。

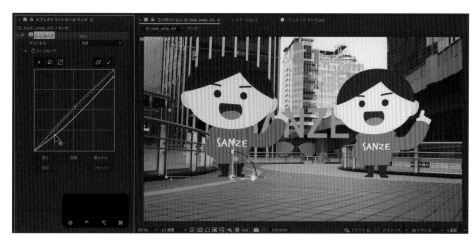

RGB のバランス
合わせ

> 💡 **マメ知識　発光体と受光体って何？**
>
> 　色を合わせるときに、対象物が発光体か受光体かによって、基準にする明るさが異なります。
>
> > **発光体**：それ自体が光を放つもの（ネオン、TV モニター、空など）
> > 　→バックグラウンドの中にある発光体を基準に明るさを合わせる
> >
> > **受光体**：光を反射させることで物体を認識できるもの（紙、地面など）
> > 　→バックグラウンドの中にある受光体を基準に明るさを合わせる
> > ※受光体が発光体の明るさを超えることはありません
>
> 　厳密に合成をしたいときは、合成物に近いものを現場に置いておくと、色合わせの基準が明確になります。基準になる素材のことを「合成用リファレンス素材」と呼んだりします。

チャンネルごとに表示して色合わせ

　画面全体の RGB の強弱をそれぞれ確認したい場合は、コンポジションパネルの下部の「チャンネルおよびカラーマネージメントの設定を表示」を切り替えることで、RGB をチャンネルごとに確認することができます。白黒の表示になってしまうので最初は少し難しいかもしれませんが、ここで濃淡を合わせるつもりでトーンカーブを調整していくと、自然と色味が合ってきます。

チャンネルおよび
カラーマネージメントの設定を表示

チャンネル単位で
色の強さを確認する

　厳密に色味を合わせて合成していきたいという方は、「VFX」「カラーチャート」「リニアワークフロー」という単語で調べてみると、さらに理解が深まるかと思います。

これで「なじむ」!?

逆に
目立つ…

276

9-4 ライトラップ

ライトラップって何？

　ライトラップとは、フォアグラウンドレイヤーをバックグラウンドレイヤーの光源で包み込む効果を指します。フォアグラウンドレイヤーの輪郭にさり気なく光が回り込むので、合成のなじみが良くなり、没入感が生じて映像に集中してもらいやすくなります。

　ライトラップを作る方法はさまざまです。簡単にライトラップを作る有料のプラグインもありますが、今回は仕組みも理解してほしいので、回り道ですが標準機能だけで作成する方法をご紹介します。

ライトラップなし

ライトラップあり（うっすらと合成素材の輪郭に光が溢れている）

ライトラップの手順

　手順に入る前に、注意してほしいことがあります。ライトラップをする場合は、アニメーションやそれ以外のコンポジット（合成）作業が終わってからにしてください。今回ご紹介するのは、メインコンポジションを3つに複製してライトラップに必要なパーツを作る手法です。複製した後にライトラップ以外の修正をしようとすると、コンポジションが3つになっているので、修正の手間が増えてしまいます。

　では、作成の手順を紹介していきます。最初に、メインコンポジションを次の3つに複製します。

> A. メインコンポジション
> B. グロー（ライトラップ用）
> C. マスク（アルファトラックマット用）

　同じコンポジションなので、わかりやすく名前を付けておいたほうが混乱しないかと思います。Aはそのまま、複製したBとCのコンポジションを加工してパーツを作成します。

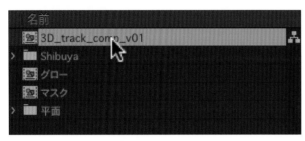

メインコンポジションを複製する

A. メインコンポジション

　合成や色合わせなどを行っていたオリジナルのコンポジションです。後ほど作成するBとCを、このコンポジションの中に入れてライトラップを作成します。

B. グロー（ライトラップ用）

　光こぼれの輪郭のグローを作るために使います。

> ①背景映像は表示したまま、ライトラップを作成したいフォアグラウンドレイヤーにエフェクトの「塗り」を適用して黒く塗りつぶします。
> ②次に新規の調整レイヤーをタイムラインの一番上に置きます。調整レイヤーにはエフェクトのグローを適用します。
> ③グローの数値を強く調整していくと、先ほど黒く塗りつぶしたフォアグラウンドレイヤーにバックグラウンドのグローが侵食してきます。これがライトラップのポイントです。

　これでライトラップのベースはできました。あとは、これをくり抜くためのマットをCで作成します。

■ C. マスク（アルファトラックマット用）

　合成したイラストや文字などを表示したまま、バックグラウンドレイヤーを非表示にしましょう。こうすることでトラックマットの「アルファマット」として使用することができます。

マスク（アルファトラックマット用）

■ 3 つのコンポジションを組み合わせる

　A ～ C を準備できたら、これらを組み合わせていきます。

> ① A の中で作業します。タイムラインの一番上に、先ほど作成した B を入れます。さらにその上に C を置きます。
> ② B のトラックマット設定の「アルファマット」で C を選択します。こうすると、光がこぼれたようなシルエットが作成されます。
> ③ B の描画モードを「通常」から「スクリーン」に切り替えます。黒い部分が透過され、明るい部分が合成したフォアグラウンドの輪郭にのります。ただし、このままだと輪郭にのった光が強すぎるので、不透明度を 20% ～ 30% 程度にするのがオススメです。

　以上で、ライトラップの完成です。ライトラップは頭の中でしっかりと手順の整理ができていないとうまく使えません。次ページの図解を参考に、何度か繰り返して作業してみてください。一度やり方を覚えてしまえば、いろんな場面で使用できる便利なテクニックです。

トラックマット「アルファマット」で切り抜く

C マスク

B グロー

↓

輪郭に光が回り込んだような
レイヤーが作成される

A メインコンポジション

描画モード「スクリーン」で不透明度 30% くらいでのせる

↓

結果

3つのコンポジションを組み合わせる

サンゼからの挑戦状！

　すこし難しいかもしれませんがクイズです！　書籍購入者用ダウンロードページから「3D トラッキングクイズ .mov」の動画をダウンロードしてみてください。

　この動画のように、サンゼくんが本の上に貼り付いた表現をするにはどうすればよいでしょうか？　この章で学んだ 3D カメラトラッキングを使えばよさそうですが、そのまま映像を解析するとうまくトラッキングできないはずです。

　ヒントは、「3D カメラトラッキングをする前にあることをする」です。答えは次のページにあるので、ページをめくる前にぜひチャレンジしてみてください。

サンゼからの挑戦状

第 9 章まとめ

　お疲れさまでした！　今回の章は実写がメインだったので、かなり新鮮だったのではないでしょうか。3D カメラトラッキングの手順、合成素材の色合わせ、ライトラップなど、モーショングラフィックス制作では使用しないテクニックを盛り込んでご紹介しました。

　3D カメラトラッキングを覚えると自分の身の周りのものにどんどん映像をのせたくなりますよね！　前の章で勉強したモーショングラフィックスの基礎と組み合わせると、SFっぽい作品がたくさん作れます。スマホでいろいろ撮影して、合成してみましょう！

　また今回のチュートリアル動画で使用した「Shibuya_Day.mov」の他に、夜バージョンの「Shibuya_Night.mov」の映像も提供しています。ご自由に使ってもらって OK ですので、ぜひ作品作りに役立ててください！　覚えたことを組み合わせて、新しい発見をしていきましょう！

「サンゼからの挑戦状！」の答え

クリアできましたか？　空間ではなく物体などに対して立体的にトラッキングをとることを**オブジェクトトラッキング**と呼びます。これは、3Dカメラトラッキングをさらに応用したテクニックですが、残念ながらオブジェクトトラッキングの機能はAfter Effectsに搭載されていません。

そこで今回は、マスク（→ p.208 参照）をうまく活用することで「なんちゃってオブジェクトトラッキング」をしました。

①本以外をすべてマスクで切り取る
②切り取った映像に対して、3Dカメラトラッキングを適用する

すると、After Effectsが本を地面だと勘違いして、3Dカメラトラッキングしてくれます。

「なんちゃってオブジェクトトラッキング」は本当のオブジェクトトラッキングではないので、ライティングすると破綻します。しかし、機能を組み合わせることで、さまざまな表現が可能になるということをご理解いただけたかと思います。

映像編集は組み合わせです。アイデア次第で今までにない多彩な表現ができます。焦らず、一つひとつのテクニックを自分のものにして、あなただけの表現を探してみてください。

▶ アレンジに挑戦！

チュートリアル通り作れるようになったら、次は自分なりにアレンジしてオリジナルの作品を作ってみましょう。それが一番の練習になります！

アレンジ作品を作ったら、「# サンゼ AE」を付けてツイートしてくれたら、サンゼが「いいね」を押しにいきます！　投稿してくださった作品は、まとめてサンゼのツイッターアカウントで紹介します！

アレンジのヒント

・背景を夜の素材に変更
・光るものをたくさん配置してサイバーな雰囲気に
・地面に合成したオブジェクトの照り返しや反射を作成
・背景のビルにアニメーションを追加
・ビルのロゴマークを「ECHO」に差し替え

第10章

エクスプレッションマスターになろう！

この章で学べること

　最後の章では、「エクスプレッションマスター講座」をご紹介します。エクスプレッションを使うと作業の効率が格段に上がります！　また、エクスプレッションは使える場面がとても多いので、理解を深めておくと映像の表現の幅を広げることにもつながります。この章でぜひ、マスターしていきましょう！

エクスプレッションマスターに なろう！

Chapter Sheet

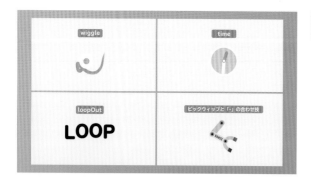

エクスプレッションのおさらい

- エクスプレッションって何だっけ？
- イラスト素材を確認する

ピックウィップとマイナスで 観覧車を作成

- 観覧車のコンポジションを作成
- キャラクターをレイアウト

- 骨組みとキャラクターを紐付ける
- 回転のプロパティを土台と連動させる
- マイナスを使って回転を打ち消す

time で観覧車を回転させる

- time を土台の回転に適用

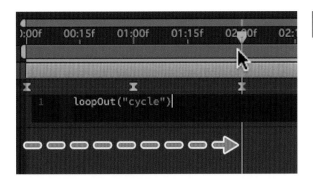

loop で揺れの動きを付ける

- loopOut でキーフレームを繰り返す
- 他のキャラへアニメーションのコピー
- 仮素材から本素材へ差し替える
- エクスプレッションのオン・オフ

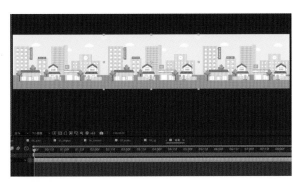

wiggle で観覧車に揺れを付ける

- 横長の背景を作成
- メインコンプで全体を調整する

- 観覧車全体が揺れる動きを付ける
- モーションパスで大まかな
  動きを付ける

爆発で臨場感を出す

- 爆発のアニメーションを作成
- 爆発素材を背景に親子付け
- wiggle の注意点
- 完成！

動画視聴お疲れさまでした！

10-1 エクスプレッションのおさらい

エクスプレッションって何だっけ?

エクスプレッションとは、After Effects で使える簡単なプログラムのようなものです。ちょっとした短いコードを書くことで、いろいろな作業を自動化できます。第6章ではそのうちの1つ、wiggle を取りあげました（→ p.176 参照）。

エクスプレッションを使いこなせば、キーフレームをたくさん入力しなくても簡単にアニメーション作ることができるようになり、繰り返しやランダムな動きを表現したいときにも役立ちます。さらに、数値で管理しているため、あとから動きの調整をするのがぐっと楽になります。

エクスプレッションにはさまざまな種類があり、これだけで本が1冊書けるほど奥深いものです。そのため、ビギナーの方はどこから学べばよいのかわからず、迷子になってしまうかもしれません。でも安心してください。今回の章では、よく使う4つのエクスプレッションを厳選して、チュートリアル動画を作りました。手を動かしていくうちに、どんどん応用することができるようになりますよ。一緒に勉強していきましょう。

今回紹介するのは次の4つです。

・wiggle：ランダムな数値を生み出す
・time：時間が経過するごとに数値を生み出す
・loopOut：入力したキーフレームをある法則性で繰り返す
・ピックウィップと「-」の合わせ技：リンクさせた数値を反転させる

エクスプレッションの使い方

先に、エクスプレッションに共通する操作方法を紹介します。

■ エクスプレッションの記述スペース

まずは、キーフレーム入力のためのストップウォッチマークを、[Option（Alt）] キーを押しながらクリックしてください。パラメータの数値が通常の青から赤に変わり、さらにタイムライン上にエクスプレッションの記述スペースが登場します。

ここにエクスプレッションのコードを書いていきます。エクスプレッションは、After Effects 上のキーフレームが入力できるすべての箇所に使えます。そのため、活用次第でアニメーション制作を効率化できます。

エクスプレッションの記述スペース

■ エクスプレッションの ON ／ OFF

エクスプレッションが正しく記入され、コードが上手く動いている場合は「＝」のマークが青く光ります。このマークをクリックすることで、エクスプレッションの ON ／ OF を切り替えることができます。「＝」の上に斜線が付いている状態は、エクスプレッションが OFF を表します。

エクスプレッションが ON の状態

エクスプレッションが OFF の状態

エクスプレッションのエラー

記入したエクスプレッションに誤りがあると、エラーが出ます。コンポジションパネル下部に、オレンジ色のアラートが出ます。

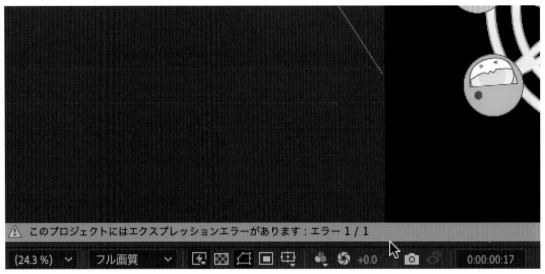

エクスプレッションに誤りがある場合

ピックウィップをエクスプレッションの数値のリンクに使う

ピックウィップは、レイヤーを親子付け（ペアレント）するために使いますが（→ p.230 参照）、レイヤー単位よりもさらに細かく、レイヤープロパティのパラメーター単位で数値をリンク（紐付け）することもできます。ピックウィップを活用すると視覚的にもわかりやすく、細かなレイヤー名を手入力する必要もないので、エクスプレッションの記述がスムーズになります。

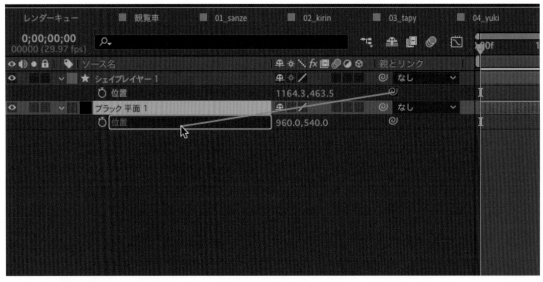

パラメーター単位で数値をリンクする

10-2 エクスプレッション4選

wiggle

wiggle は、ランダムな数字を発生させるためのエクスプレッションです。レイヤーを揺らしたり、点滅させたりなど、発想次第でかなり汎用性の高いエクスプレッションです。

wiggle の記述例

wiggle の使用例

■ エクスプレッションをキーフレームに変換

wiggle には1つ問題点があります。それは、タイムラインパネル上に存在するレイヤーの数に応じて、数値を変化させてしまう点です。ラフなシーンを作っているときなどは便利な反面、wiggle で手ブレ感を付けたカメラのポジションなどを細かく調整して数値を固定したい場合には注意が必要になります。レイヤーを増やすことで、せっかく作った絶妙なアングルが変わってしまいます。

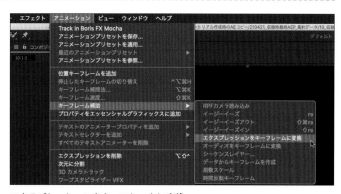

エクスプレッションをキーフレームに変換

エクスプレッションで生成された数値を変更したくない場合は、エクスプレッションをキーフレームに変換しましょう。上部メニューの［アニメーション］→［キーフレーム補助］→［エクスプレッションをキーフレームに変換］を選択すれば、数値が変更されない状態になります。

ただし、一度焼き込んだデータは簡単には修正できなくなってしまうので、エクスプレッションをキーフレームに変換する場合はタイミングに注意しましょう。

time

time は、時間の経過に伴って数値を増減させるエクスプレッションです。一定の速度で回転するレイヤーの作成や、エフェクトに数値を入力し続けたい場合に便利です。

レイヤーの回転に「time*100」と記述すれば、1秒ごとに100度回転させることができます。「*」（アスタリスク）は掛け算を意味します。数値はレイヤーの長さに関係なく適用され続けるので、途中でコンポジションの長さを伸ばしても、レイヤーが続く限り数値を反映し続けます。

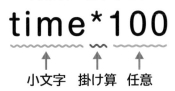

time の記述例

time の使用例

💡 **マメ知識　カメラの位置と方向に wiggle を入れてリアル感を出す**

3Dレイヤーで立体的なアニメーションを作っている際に、カメラレイヤーの位置と方向に先ほど紹介した wiggle を入れると、カメラワークにリアルな手ブレ感がつきます。ちょっとしたことですが、すごく効果的なので試してみてください。

カメラの位置と方向に wiggle を入れる

loopOut("cycle") と loopOut("pingpong")

loopOut は、キーフレームを繰り返すためのエクスプレッションです。

使用する際は、事前に2つ以上キーフレームの入力が必要になります。繰り返しの法則性は、loopOut の後の記述で変わります。ここでは、頻繁に使う ("cycle") と ("pingpong") を紹介していますが、他にも ("continue") や ("offset") があります。

・loopOut("cycle")
キーフレームの数値の頭から最後までを何度も繰り返す

・loopOut("pingpong")
キーフレームの数値を頭から最後まで行ったり来たりする
※引用符の「"」は左右の区別がない Straight quotes を使用します。

loopOut の使用例

10

サイクル
loopOut("cycle")

**キーフレームの数値の
頭から最後までを繰り返す**

ピンポン
loopOut("pingpong")

**キーフレームの数値を
行ったり来たりする**

loopOut のイメージ

ピックウィップと「−」の合わせ技

　ある数値に対して逆数で打ち消したいときなどは、「−」（マイナス）を使うのがおすすめです。今回のチュートリアル動画では、観覧車の回転と乗客の回転を打ち消すのに使用しました。

　ピックウィップでリンクさせたい数値をリンクさせた後、エクスプレッションの記述欄のはじめに「−」を付けましょう。そうするとリンク先の数値がマイナスの数値になります。

　このようにアニメーションしやすくするために、動かす仕組みを作る工程をCG業界では**リギング**や**セットアップ**とも呼び、After Effectsでも同じような考え方ができます。

　なお、数値を反転させたいときは、最後に「*-1」でも同様の結果になります。

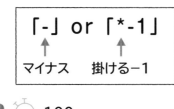

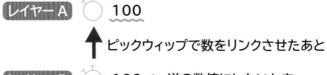

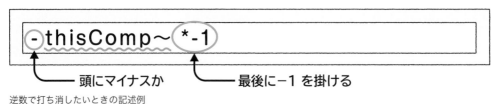

逆数で打ち消したいときの記述例

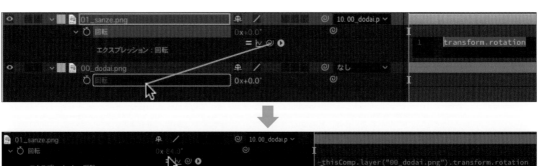

ピックウィップと「−」の使用例

素材の効率的な差し替え方法

「素材を後から差し替えたい」といった場合は、次の手順で行うと効果的です。

> ①タイムラインパネルで差し替えたいターゲットのレイヤーを選択
> ②プロジェクトパネルから新しいレイヤーをクリックして、タイムラインパネルのターゲットのレイヤーの上へ［Option（Alt)］キーを押したままドラッグ
> ③そのままドロップすると、エフェクトやアニメーションなどを保持した状態で新しいレイヤーに更新される

アニメーションを付けた後に、レイヤーを別素材に差し替えたいときに便利です。

レイヤーの差し替え前

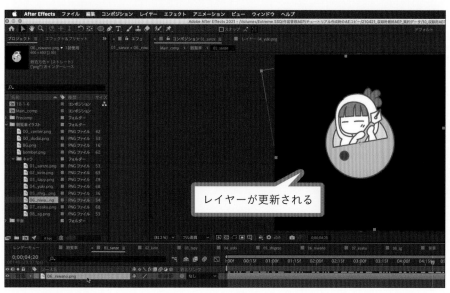

レイヤーの差し替え後

第10章まとめ

　今回の章は覚えて得するエクスプレッションをご紹介しました。映像制作にドンドン役立ててくださいね！

　これまでにご紹介したテクニックを組み合わせていけば、さまざまな表現ができるようになります！　まだ何となくしかわかっていないことも多いかと思います。ここまでのチュートリアルをトレースできたら、「なんでこうなるんだろう？」と仕組みを整理していきましょう。ゆっくりで良いので繰り返し練習して、少しずつ理解を深めていってください。理解できたものは必ず自分の武器になっていきます！

　物足りない方は、ぜひサンゼのYouTubeチャンネルの動画にもトライして、さらにスキルアップしていきましょう！

▶ アレンジに挑戦！

　チュートリアル通り作れるようになったら、次は自分なりにアレンジしてオリジナルの作品を作ってみましょう。それが一番の練習になります！

　アレンジ作品を作ったら、「＃サンゼAE」を付けてツイートしてくれたら、サンゼが「いいね」を押しにいきます！　投稿してくださった作品は、まとめてサンゼのツイッターアカウントで紹介します！

アレンジのヒント

- ・シェイプレイヤーで太陽系を作成
- ・エクスプレッションで星の周回軌道を作成
- ・観覧車の要領で常にカメラを見続けるように惑星を調整

おわりに

　お疲れさまでした！　この本ではモーショングラフィックスを中心に解説してきましたが、映像表現はもっともっと奥深くて楽しいものです。ここで学んだことを軸に、さらに知識をつけて表現の幅を広げていって欲しいと思います。書籍ホームページの最後に「After Effects 習得ロードマップ」を用意しているので、ぜひ活用してください。

　「はじめに」でも少しお話ししましたが、僕はコマーシャル映像のオフラインエディターという仕事をしています。映像をつなぎ合わせて、メッセージが伝わりやすいように試行錯誤する仕事です。10 年以上続けているなかで感じるのは、映像編集という仕事自体も、人と人がつながることで成り立っているということです。

　1 つの映像作品が完成するまでには、さまざまなスタッフが関わっています。素材を撮影してくれるカメラマン、全体を統括するディレクター、チームが作業しやすいようにバランス調整をするプロデューサーがいることではじめて、エディターの仕事が生まれます。そんなエディターという仕事が、僕は好きです。苦労も多い仕事ですが、それだけたくさんのことを学ぶことができます。

　これもエディターとして働きながら学んだことですが、映像編集上達の最大のコツは「視聴者への思いやり」です。「どうやったら視聴者に伝わりやすいか」を常に試行錯誤していく姿勢が大切です。After Effects も Premiere Pro も、何かのメッセージを伝えるための道具でしかありません。技術を学んでいくことはもちろん大切なのですが、それよりも大切なのは「何を伝えるか？」や「どう伝えるか？」だと思っています。

　映像を作ったら友達や家族に見てもらい、どう感じるかを聞いて自分の作品をレベルアップさせていきましょう。昔は僕も、作った映像を人に見てもらうのを恥ずかしいと感じることがよくありました。それでも勇気を出して、いろいろな人と意見を交わすことで、新たな発見があるはずです。少しずつでよいので、楽しみながら自信を付けていってください。

　あなたといつか一緒に仕事ができることを、心より楽しみにしています。

映像クリエイター　サンゼ

補講　完成度の高い映像を作るために

　ここでは補講として、完成度の高い映像を作っていくためのポイントを簡単にまとめました。After Effects の具体的な操作方法ではありませんが、「中級者」としてこれから活躍する上で重要な「考え方」についての内容です。オリジナルの作品を制作するときに、ぜひ参考にしていただければと思います。

■ ビギナーがやってしまいがちな失敗

　例えば、5 カットで構成された映像を作る場合のことを考えてみます。このとき、ビギナーがよく失敗する原因の 1 つに、1 カット目から作り込んでしまうということがあります。これは、「1 カット目のクオリティは高いけど、だんだんと尻すぼみになってしまった……」というような状態です。映像作品は連続したカットのバランスが大切です。カットごとの完成度にムラがあると、せっかく作り込んだカットの印象も悪くなってしまいます。

　そこで、1 カット目から 100% を目指すのではなく、20% のクオリティでよいのでまずは全カットを作ってしまいましょう。カット同士のクオリティにばらつきがないほうが、作品として見たときのクオリティが高く見えます。大切なのは、第 5 章でも紹介した「虫の視点」と「鳥の視点」です。カットのディティールを作りながら、時には引いて作品全体のバランスを確認しましょう。

　仕事で映像を作るときも、まずは 20% の仕上がりで全体を作ると、結果として作業が早く終わることが多いです。1 カット目から作り込んでいった場合、残りのカットがまだ作れていないことが、時間が経つにつれて大きなプレッシャーにもなっていきます。作品全体を考えた上で全カットを少しずつ修正し、30%、40% と徐々にブラッシュアップしていくほうが、仕上がりにムラが生まれにくいのでオススメです。

■ Premiere Pro で構成を作るときに迷子にならない考え方

　映像制作をするときに一番外してはいけない考え方は、「お客さんにとって見やすい映像になっているか」です。これを踏まえると、次のような順番で構成を考えていくことをオススメします。

①選んでいるカットは正しいか？

　こだわって撮影したカット、頑張って作った CG だからといって、必要のないカットを入れると作品としては見づらいものになってしまいます。「映像は観客のために作っている」という視点を忘れてはいけません。

②カットの長さのバランスは適切か？ （テロップの表示時間も含む）

　シーンを構成する各カットのバランスは、過不足なく見やすい長さになるようにしましょう。カットの長さは映像の印象に大きく影響を与えます。

③ナレーションや BGM などの音はマッチしているか？

　音声も映像を盛り上げる重要な要素です。ナレーションを入れるときは、聞きやすいタイミングかどうかに注意します。BGM については、曲の盛り上がりがカットに連動しているか、エンディングが気持ちよく終わっているかを意識するとよいでしょう。

④モーションやエフェクトなどのディティールはどうか？

　モーションは、やたらに動かせばよいというわけではありません。例えばテロップにモーションを付けるときは、動かす前よりテロップの文字がさらに伝わりやすくなっているかを考えてみましょう。また、本書で学んだモーションのテクニックを輝かせるためにも、あらかじめ①〜③についてしっかりと検討しておくことが重要です。

■ After Effects でのアニメーション制作をスムーズにする考え方

アニメーション制作で意識すべきなのは、「いきなりディティールを詰め込みすぎない」ということです。カットの中で大切な要素から作成し、徐々にブラッシュアップしていきましょう。具体的には、次のような順番で考えていくことをオススメします。

①画面のレイアウトと主役のモーションを決める

　「このカットでは何を主役に見せたいのか」をあらかじめ整理するとスムーズです。主役が決まったら、大きさやレイアウトで強弱を付けて情報を整理しましょう。一番見せたいものが見えやすくなっていることが大切です。これを決めずに闇雲にモーションを作り始めると、後で作業が行き詰ってしまいます。

②どんなカメラで撮影するかを決める

　After Effects 上のレンズのミリ数とカメラワークによって、映像の印象は大きく変わります。細かなパーツに動きを付ける前に、カメラのミリ数やカメラワークを決めておくと、後の作業がスムーズになります。

③主役以外のパーツのモーションを決める

　細かなモーションの作成は楽しいですよね。でも、細かなパーツはあくまで主役を目立たせるための引き立て役であることを忘れてはいけません。ついつい細かなところからやりたくなってしまいますが、ぐっとこらえて後に回しましょう。

④質感や色味の演出を決める

　質感や色味のトーンなども、全体の雰囲気を作る大切な要素です。しかしこれらは、諸刃の剣でもあります。全体のアニメーションがうまくいってなくても、質感や色味のトーンで「何となく」良く見えてしまうことがあるからです。そうすると、シーンの中の改善点が映像トーンの雰囲気に負けて気がつきにくくなり、最終的なクオリティが伸び悩んでしまいます。しっかりと①〜③でアニメーションを作り込んだ上で、最後の味付けとして行うことをオススメします。

● ECHO について

　著者が運営している映像サークル ECHO（エコー）について、簡単にご紹介させていただきます。

■ ECHO とは？

　ECHO はクリエイターの交流と発表の場です。映像を学びたい学生から、現場で活躍しているベテランまで数百名のクリエイターが交流をしています。

　活動には Slack（チーム用メッセージアプリ）を使用しており、年に 1 回のオフ会イベントがあります。オフ会の参加は任意です。

　年に 2 回、夏と冬に映像大会を開催しています。夏大会は ECHO メンバー限定のイベント、冬大会はメンバー関係なくどなたでも参加が可能です。

■ 入会方法と会費

　ECHO はどなたでもご参加いただけますが、入会するためにはあるクイズに答えていただく必要があります。以下のホームページより入会できます。

・「ECHO について」（https://www.sanze-echo.com/community）

　コミュニティの治安維持と健全な運営のため、月額制とさせていただいています。会費は映像大会の運営やその他イベント費に使用します。

映像大会の様子
実写・VFX・3D 等、幅広いジャンルの作品が集まる

■ 参加するメリット

ECHOでは映像に取り組む仲間を見つけることができます。

・作品発表掲示板

作品を投稿してアドバイスをもらうことができます。経験・難易度に沿った掲示板があるので、初心者の方でも大丈夫です。また、他の人の作品にアドバイスしてあげることで映像制作のレベルアップをすることもできます。

・あそびば

ECHOにはゲーマーが多く在籍しており、日々オンラインゲームや、ボードゲームを楽しんでいます。ゲームを通じて知り合った仲間とコラボして映像大会へ参加するメンバーもいます。

・エコツム

ECHOでは1か月だけの限定チームを組んで勉強会を行っています（通称「エコツム」）。一人では続けていくことが難しく感じることでも、仲間がいると情報が集まりやすく、続けやすい環境を作ることができます。その他にも、トレンドに沿ったさまざまな掲示板があります。

■ ECHOを作った理由

時代の変化に伴い、映像編集は一人でも始められる仕事や趣味の選択肢の1つになりました。副業のために映像編集を学ぶ方も増えています。しかし、一人で始められることだからこそ、裏を返せば孤独になりがちな作業とも言えます。ECHOは一人でも多くの方がクリエイターとしての生活を続けていけるよう、孤独を防ぐための環境として作られました。

ECHOはこんな人にオススメ
・いつか映像を仕事にしてみたい方
・作りたいイメージはあるけど、どこから手をつけたらいいのかわからない方
・業界のキャリアは長いけど、しばらく自主制作をしていない方
・周りに映像を作っている仲間がいない方

ECHOを通じてそれぞれの方が助け合い、そして活動の輪を広げています。
あなたの映像を作る『理由』と『仲間』づくりに役立つことを心から祈っております。

● ショートカット一覧表

このページでは、本書で紹介した After Effects のショートカットを一覧にしてまとめました。

			Mac	Windows
基本の操作		取り消し	[⌘ + Z]	[Ctrl + Z]
		やり直し	[⌘ + Shift + Z]	[Ctrl + Shift + Z]
		すべてを選択	[⌘ + A]	[Ctrl + A]
		終了	[⌘ + Q]	[Ctrl + Q]
2章	p.38	上書き保存	[⌘ + S]	[Ctrl + S]
		別名保存	[⌘ + Shift + S]	[Ctrl + Shift + S]
	p.46	選択ツールの使用	[V]	[V]
		手のひらツールの使用	[H]	[H]
		ズームツールの使用	[Z]	[Z]
		カメラツールの切り替え	[C]	[C]
		回転ツールの使用	[W]	[W]
		アンカーポイントツールの使用	[Y]	[Y]
		マスクツールの使用	[Q]	[Q]
		ペンツールの使用	[G]	[G]
		文字ツールの使用	[⌘ + T]	[Ctrl + T]
3章	p.70	「読み込み」ウィンドウの立ち上げ	[⌘ + I]	[Ctrl + I]
	p.74	オリジナルを編集	[⌘ + E]	[Ctrl + E]
4章	p.94	新規テキストレイヤー	[⌘ + Option + Shift + T]	[Ctrl + Alt + Shift + T]
		新規平面レイヤー	[⌘ + Y]	[Ctrl + Y]
	p.95	新規ライトレイヤー	[⌘ + Option + Shift + L]	[Ctrl + Alt + Shift + L]
		新規カメラレイヤー	[⌘ + Option + Shift + C]	[Ctrl + Alt + Shift + C]
		新規ヌルオブジェクトレイヤー	[⌘ + Option + Shift + Y]	[Ctrl + Alt + Shift + Y]
		新規調整レイヤー	[⌘ + Option + Y]	[Ctrl + Alt + Y]
	p.98	アンカーポイント（トランスフォーム）	[A]	[A]
		位置（トランスフォーム）	[P]	[P]
		スケール（トランスフォーム）	[S]	[S]
		回転（トランスフォーム）	[R]	[R]
		不透明度（トランスフォーム）	[T]	[T]

			Mac	Windows
4章	p.104	キーフレームを一括表示	[U]	[U]
		アニメーション／変更されたプロパティを表示	[U] を 2 回	[U] を 2 回
	p.110	選択したキーフレームのイージーイーズ	[F9]	[F9]
	p.111	選択したキーフレームのイーズイン	[Shift + F9]	[Shift + F9]
		選択したキーフレームのイーズアウト	[⌘ + Shift + F9]	[Ctrl + Shift + F9]
	p.112	選択したキーフレームをリニアに戻す	[⌘] を押しながらキーフレームをクリック	[Ctrl] を押しながらキーフレームをクリック
5章	p.131	スイッチの表示の切り替え	[F4]	[F4]
	p.140	レンダーキューにアクティブなコンポジションまたは選択したアイテムを追加	[⌘ + M] もしくは [⌘ + Shift + /]	[Ctrl + M] もしくは [Ctrl + Shift + /]
7章	p.199	マテリアルオプションの表示	[A] を 2 回	[A] を 2 回
	p.211	選択したレイヤーのプリコンポーズ	[⌘ + Shift + C]	[Ctrl + Shift + C]
	p.218	選択したレイヤーの描画モードの切り替え	[Shift + -] もしくは [Shift + ^]	[Shift + -] もしくは [Shift + ^]

　これらは After Effects で使用できるショートカットのごく一部であり、Adobe のホームページではさらに多くのショートカットが紹介されています。また、ショートカットキーは After Effects のアップデートで更新される場合もあるので、Adobe の公式サイトをぜひご確認ください。

・Adobe「After Effects のキーボードショートカット」
https://helpx.adobe.com/jp/after-effects/using/keyboard-shortcuts-reference.html?mv ＝ product&mv2 ＝ ae

INDEX

英数字

1 ノードカメラ	238
2D モーショントラッキング	260
2 ノードカメラ	238
3D カメラトラッキング	265
3D レイヤー	133, 188
3 点ライティング	201
4K	64
A/V 機能のスイッチ	132
Adobe Creative Cloud	23
Adobe Fonts	122
AEP	37
aescripts	55
After Effects	26
Anchor Move	52
Apple ProRes	141
bpc	223
CMYK	69
fps	64
Illustrator	27
loopOut	291
Lumetri カラー	222
Media Encoder	27, 161
Mocha Ae	249, 272
Move Anchor Point 4	55
Photoshop	27
Premiere Pro	26, 150
PSD	72
RGB	68
time	290
wiggle	176, 289

あ行

アクティブカメラ	193
値グラフ	117
アニメーション	100
アニメーションカーブ	113
アニメーションプリセット	170
アルファチャンネル	69
アルファ反転マット	247
アルファマット	247
アンカーポイント	98, 103
アンビエントライト	198
暗部	274
イージーイーズ	110
イージング	108
イーズアウト	111
イーズイン	111
位置	98, 99
色深度	223
色の三原色	68
エクスプレッション	176, 286
絵コンテ	77
エフェクト	136, 173
エフェクト＆プリセットパネル	44
エフェクトコントロールパネル	51
オーディオのオン / オフ	132
オーディオパネル	45
音ハメ編集	77
オブジェクトトラッキング	282
オフライン QT	77, 151
オフライン編集	28
親子関係	230
オンライン編集	28

か行

解像度	64
回転	98
加算	209, 217
カット	62
カメラコントロール	232
カメラツール	192
カメラレイヤー	95, 190
カラーグレーディング	219
カラーコレクション	220
カラーモード	75
完パケ	159
キーイング	251
キーフレームアニメーション	100

　

キーライト	201
行間	120
行長	120
グラフエディター	113
クロマキー	251
減算	209, 217
交差	209
合成チャンネル	147
コーデック	146
コマ	62
コラブストランスフォーム	133
コンテナ	146
コンポジション	42, 88
コンポジションパネル	42

さ行

作品	62
座標	99
参照グラフ	118
シーケンス	153
シーン	62
シェイプレイヤー	95, 204
字間	120
色相 / 彩度	221
次元分割	118
字コンテ	77
シャイ	135
受光体	275
上位互換	39
乗算	217
情報パネル	45
スイッチ	130
スイッチ列のスイッチ	132
スクリーン	217
スクリプト	52
スケール	98
スタビライズ	263
ストレートアルファ	147
スポットライト	198
整列パネル	52

セットアップ …………………… 292
ソースタイムコード ……………… 66
ソースモニター ………………… 152
速度グラフ ……………………… 116
ソロビュー …………………… 132, 179

た行

タイムラインパネル ……… 44, 91, 152
段落パネル ……………………… 51
チャンネル ……………………… 69
中間部 …………………………… 274
中間ファイル ……………… 151, 215
調整レイヤー …………… 95, 136, 203
ツールパネル …………………… 46
ディスクキャッシュ …………… 60
ディファレンスキー …………… 252
テキスト ………………………… 120
テキストレイヤー ………… 94, 96
デジタルサイネージ …………… 165
輝度＆コントラスト …………… 221
トーンカーブ …………………… 222
トラッカーパネル ……………… 261
トラック ………………………… 152
トラックマット ………………… 245
トランスフォーム ……………… 97
ドロップフレーム ……………… 67

な行

ヌルオブジェクトレイヤー …… 95, 240
ノード …………………………… 238
ノンドロップフレーム ………… 67

は行

バージョニング ………………… 36
箱組 ……………………………… 121
バックグラウンド ……………… 274
バックライト …………………… 201
発光体 …………………………… 275

バンディング …………………… 225
光の三原色 ……………………… 68
ピクセル ………………………… 64
被写界深度 ……………………… 236
ピックウィップ ………………… 230
ビデオコンテ …………………… 151
ビデオの表示／非表示 ………… 132
ビュー …………………………… 192
描画モード ……………………… 216
品質とサンプリング …………… 134
ファイル管理 …………………… 34
ファイルを収集 ………………… 253
フィルライト …………………… 201
フォアグラウンド ……………… 274
フォーカス送り ………………… 237
フォーカス距離 ………………… 236
フォント ………………………… 122
フッテージ ……………………… 72
不透明度 ………………………… 98
プラグイン ……………………… 173
プラナートラッキング ………… 272
プリコンポーズ ………………… 210
プリコンポジション ……… 210, 212
プリレンダー …………………… 214
フル HD ………………………… 64
フレームブレンド ……………… 137
フレームレート ………………… 64
プレビューパネル ……………… 45
プログラムモニター …………… 152
プロジェクトデータ …………… 37
プロジェクトの整理 …………… 255
プロジェクトパネル ……… 42, 152
フロント ………………………… 245
平行ライト ……………………… 198
平面レイヤー …………… 94, 96
ベクター ………………………… 27
ベジェ …………………………… 109
ペンツール ……………………… 207
ポイントライト ………………… 198
望遠 ……………………………… 233

ま行

マスク …………………………… 208
マスターデータ ………… 151, 159
マット …………………………… 245
マテリアルオプション ………… 199
マテリアルデザイン …………… 113
明部 ……………………………… 274
命名規則 ………………………… 36
メインコンポジション ………… 212
メディアオフライン …………… 34
モーション ……………………… 100
モーションパス ………………… 107
モーションブラー ……… 133, 138
文字組み ………………………… 120
文字パネル ……………………… 51

ら行

ライトラップ …………………… 277
ライトレイヤー ………… 95, 195
ラベル …………………………… 179
リギング ………………………… 292
リニア …………… 107, 109, 110
リリンク ………………… 34, 83
ルミナンスキー ………………… 252
ルミナンスキー反転マット …… 248
ルミナンスキーマット ………… 248
レイヤー ………………………… 93
レイヤーのロック ……………… 132
レイヤープロパティ …………… 97
レックタイムコード …………… 66
連続ラスタライズ ……………… 134
レンダリング …………………… 140
連番ファイル …………………… 78
ロトスコープ …………………… 249

わ行

ワークスペース ………………… 41
ワイド …………………………… 233

■著者紹介

サンゼ（和田光司）

株式会社リヒトグラフ / 映像サークル ECHO 代表
オフライン編集・モーショングラフィックス制作を得意としており、500 作品
以上の映像制作に携わる。登録者 30,000 名超えの YouTube チャンネル「サ
ンゼの After Effects 教室」を中心に映像編集のテクニックを発信。映像でアソ
ボウ！をスローガンに映像制作の楽しさを広めるための活動を行っている。

略歴
2008 年 IMAGICA にてエディターとしてのキャリアをスタート
2016 年 株式会社リヒトグラフ設立
2020 年 映像サークル ECHO 設立
2021 年 ACC TOKYO CREATIVITY AWARDS クラフト賞（フィルム部門）
　　　　にてエディター賞を受賞

Twitter：@SANZE_motion
YouTube：サンゼの After Effects 教室

●カバーデザイン・本文イラスト　スミマミ
●本文デザイン・DTP　クニメディア株式会社
●協力　しげぞう（吉岡茂樹）
　　　　ニワノトリコ
　　　　ゆうきたくみ
　　　　鯉渕幹生

一気にビギナー卒業！

動画でわかる After Effects 教室

2021 年 11 月　5 日　初版　第 1 刷発行
2022 年　8 月　9 日　初版　第 3 刷発行

著　者　和田　光司
発行者　片岡　巌
発行所　株式会社技術評論社
　　　　東京都新宿区市谷左内町 21-13
　　　　電話　03-3513-6150　販売促進部
　　　　　　　03-3513-6166　書籍編集部
印刷／製本　図書印刷株式会社

定価はカバーに表示してあります。
本書の一部または全部を著作権法の定める範囲を超え、無断で複写、複製、
転載、テープ化、ファイルに落とすことを禁じます。

©2021　株式会社リヒトグラフ

造本には細心の注意を払っておりますが、万一、乱丁（ページの乱れ）や落丁（ペー
ジの抜け）がございましたら、小社販売促進部までお送りください。送料小社
負担にてお取り替えいたします。

ISBN978-4-297-12369-7 C3055
Printed in Japan

■お問い合わせに関しまして

　本書に関するご質問については、本書に記載されて
いる内容に関するもののみとさせていただきます。本
書の内容を超えるものや、本書の内容と関係のないご
質問につきましては、一切お答えできませんので、あ
らかじめご了承ください。また、電話でのご質問は受
け付けておりませんので、ウェブの質問フォームにて
お送りください。FAX または書面でも受け付けており
ます。

　本書に掲載されている内容に関して、各種の変更な
どの開発・カスタマイズは必ずご自身で行ってくださ
い。弊社および著者は、開発・カスタマイズは代行い
たしません。

　ご質問の際に記載いただいた個人情報は、質問の返
答以外の目的には使用いたしません。また、質問の返
答後は速やかに削除させていただきます。

●質問フォームの URL
　https://gihyo.jp/book/2021/978-4-297-12369-7
　※本書内容の訂正・補足についても上記 URL にて行
　　います。あわせてご活用ください。

●FAX または書面の宛先
　〒 162-0846　東京都新宿区市谷左内町 21-13
　株式会社技術評論社　書籍編集部
　「動画でわかる After Effects 教室」係
　FAX：03-3513-6183